TOAST

TOAST

토스트

완벽하게 모던한 사계절 토스트 50

라켈 펠젤 지음
에번스 성 사진

나윤희 옮김

이봄

일러두기

1. 이 책의 레시피에서 '통후추'는 밀에 통후추를 넣어 그 자리에서 갈아 쓰는 형태입니다.

2. 원서의 'country bread'를 '시골빵'으로 옮겼습니다. 이 책에서 시골빵은 통밀, 호밀, 메밀, 잡곡을 거칠게 제분하여 사용하고 우유를 넣지 않는 브라운 브레드를 의미합니다.

이것이 현대식 토스트다

불꽃과 살짝 입맞춤하듯 토스터나 철판에 바삭하게 구워진 빵 위에 제철 재료에서 영감을 받은 토핑을 수북하게 담아 완성한다. 이것이 바로 당신이 만날 현대식 토스트이다. 샌드위치의 정교한 진화로 보아도 좋고 브루스케타bruschetta와 크로스티니crostini 같은 한입 거리의 업그레이드 버전으로 보아도 좋다. 디저트로 내놓아도 손색이 없는 모던한 토스트는 아침식사로도 좋고, 저녁을 간단히 먹고 싶을 때에도 훌륭한 한 끼 식사가 되어준다. 회사에 점심으로 싸가기에도 세련된 메뉴이다.

토스트는 짭짤하게 만들 수도 있고, 때로는 빵보다 고기가 주인공이 되기도 한다. 바비큐한 양고기 다리 살이나 엄청나게 바삭한 허니 글레이즈 프라이드치킨을, 까맣게 태운 빵 위에 올려본다. 풍성한 정원에서 영감을 받은 토핑도 좋다. 감미로운 토마토와 아보카도 샐러드나 불에 구운 피망으로 만든 로메스코 소스에, 기름에 살짝 튀긴 청겨자를 함께 올릴 때도 있다. 토스트는 무한한 재료를 받아들일 준비가 되어 있다. 토스트의 세계를 한번 탐험하기 시작하면 잘 구운 빵 위에 모든 것을 올리기 시작하는 자신을 보게 될 것이다. 심지어 애플 파이까지도!(정말 가능한지는 31페이지에서 확인하길.)

호주식의 순수한 아보카도 토스트로 시작하든, 영국식의 베이크드 빈스를 올린 토스트로 시작하든, 코코넛 잼을 바른 말레이시아식 카야 토스트로 시작하든 어느 것이든 상관없다. 그것은 전혀 중요하지 않다. 요즘 들어 집밥을 요리하는 사람들도 셰프들도 빵에 토핑을 올려 간단하고 격식을 차리지 않는 토스트를 새롭고 고상한 메뉴로 변신시키고 있다. 토스트는 빠르고 가벼운 한 끼 식사로 등장하고 있다. 이 책은 당신이 토스트에 다가갈 수 있는 50개의 방식을 소개한다. 카다멈 향을 낸 홈메이드 마카다미아 넛 버터를 바른 토스트, 오븐에 구운 토마토 위에 휘핑한 페타 치즈를 올린 토스트, 추수감사절 칠면조와 곁들임 음식을 활용한 토스트 등은 당신이 그동안 토스트에 대해 갖고 있던 생각을 바꿔줄 많은 레시피 중 몇 개에 불과하다.

빵을 굽는 방식 또한 다양하다. 7-8페이지는 "빵 토스트하기"의 기본지침서이다. 이 책에 내가 해석한 토스트와 더불어 존경받는 셰프와 푸드 라이터 들의 레시피 두 개를 각 장마다 소개했다.

그러니 이제 토스트를 위한 축배를. 당신의 토스트가 한 입 한 입 바삭하고 충만해지길. 부스러기의 포스가 영원하길!

빵 토스트하기 기본 지침서

어떤 토스트에는 버터가, 어떤 토스트에는 올리브오일이 어울린다. 또 어떤 토스트는 바비큐 그릴에 구워야 제맛이 나고 다른 토스트는 오븐의 그릴(브로일러)에서 갈색이 돌 때까지 굽거나 프라이팬에 바삭하고 노릇해질 때까지 구워야 제맛이 난다. 하지만 이 책에 소개한 대부분의 레시피는 당신이 원하는 방식으로 빵을 구우면 된다(토스트할 빵에는 버터를 바르거나 오일을 뿌리는 것이 좋지만, 토스터를 사용해 굽는다면 당연히 빵을 굽고 난 후에 버터나 오일을 바르도록 한다). 물론 몇 개의 레시피는 특정한 굽기 방식을 제안했다. 하지만 사실 그마저도 당신의 선택에 달렸다. 자, 이제 당신만의 토스트를 구워보시길.

오븐 그릴에 굽기(브로일드)

나는 토스트를 만들 때 열에 아홉 번은 오븐 그릴을 사용한다. 오븐 그릴의 그슬린 맛이 굉장히 사랑스럽고 새로운 맛의 차원을 만들어 내기 때문이다(만약 당신이 가스 오븐을 갖고 있다면, 토스트에서 그릴이 입맞춤한 맛이 어떤 것인지 느낄 수 있을 것이다).

바비큐 그릴을 사용해도 같은 느낌을 살릴 수 있지만 뉴욕에 살고 있는 나에게 바비큐 그릴은 최선의 방법이 아니다.

- 빵 한 면에 오일을 뿌린다(엑스트라버진 올리브오일이나 포도씨유를 즐겨 사용한다). 또는 부드러운 버터를 바른 후 코셔kosher 소금 한두 꼬집으로 간을 한다.
- 오븐 그릴 선반을 위에서 세번째 칸에 넣어 오븐 그릴(브로일러)에서 거리가 7.5−10cm정도 떨어지도록 하고 강으로 예열한다. 당신의 오븐이 브로일러 선반이 있는 구형일 경우, 베이킹팬 아래에 머핀틀을 받쳐 베이킹팬의 높이를 브로일러에서 5−7.5cm 거리로 맞춰주는 것이 좋다.
- 호일을 덮은 베이킹팬에 빵을 올리고 노릇해질 때까지 2−3분 정도 굽는다(브로일러의 강도가 오븐마다 다르므로 빵의 상태를 가까이서 관찰한다. 브로일러에 음식을 넣어두고 절대 다른 볼일을 보지 말 것!).
- 빵 슬라이스를 뒤집고 반대편도 노릇하게 될 때까지 다시 1−2분 정도 굽는다.

토스터로 굽기

- 너무 타지 않게 빵을 굽고 난 후 버터나 오일을 얇게 바른다. 토스터를 사용하면 다른 방식에 비해 빵 슬라이스의 두께가 얇을 수밖에 없다(이미 잘라 놓고 파는 빵을 사용해야 할 수도 있다). 두꺼운 빵이 들어갈 수 있는 넓은 토스터를 갖고 있는 경우가 아니라면.

토스터 미니 오븐으로 굽기

• 오븐 그릴 굽기 방식을 따르거나 토스터용 미니 오븐 설명서에 나오는 그릴 굽기 방식을 따른다.

바비큐 그릴로 굽기

• 숯 또는 가스 바비큐 그릴을 중-강불로 예열한다.
• 빵 한 면에 오일을 뿌리거나 버터를 바르고 소금으로 간한다.
• 양면에 그릴 마크가 생길 때까지 각각 1-2분 정도 굽는다.

프라이팬에 굽기

• 대형 프라이팬을 중불에 올리고 오일 또는 버터 2큰술을 녹인다. 여러 번 나누어 중형 프라이팬에 굽는다 면, 오일 또는 버터 1큰술을 넣는다. 빵을 프라이팬에 올리고 빵 위에 내열접시나 케이크틀을 놓는다. 접시나 틀은 프라이팬에 들어가는 사이즈여야 한다. 접시가 충분히 무겁지 않으면 그 위에 콩이나 토마토 통조림을 몇 개 올린다. 빵이 노릇해질 때까지 2-3분 정도 굽는다(빵 위를 무게감 있는 것으로 누르면, 한쪽 면 전체가 뜨거운 버터나 오일 그리고 팬 바닥과 잘 닿아서 완벽하게 노릇한 토스트를 만들 수 있다).
• 접시 위에 올린 캔을 내리고 빵을 뒤집는다. 구운 면에 소금을 뿌리고 다른 면이 갈색이 될 때까지 1.5-2분 정도 더 굽는다.

살짝 튀겨 굽기

• 소형 또는 중형 프라이팬에 오일을 5cm 높이로 넣고 중-강불에 예열한다(대형 프라이팬을 사용할 경우 오일을 더 넣도록). 작은 빵 조각을 넣어 온도를 확인한다. 빵 가장자리에 기포가 바로 올라오면 오일의 온도가 충분히 뜨거운 것.
• 빵 1-2슬라이스를 넣고(빵 슬라이스 크기에 따라 조절한다. 프라이팬이 너무 꽉 차게 넣지는 말 것), 한 번씩 빵을 뒤집어주며 양면이 바삭하고 노릇하게 구워질 때까지 4-5분 동안 튀긴다.
• 베이킹팬 위에 키친타월을 깐 다음, 그 위에 그릴 선반을 놓고 빵을 꺼내 올려놓는다. 빵이 따뜻할 때 소금을 뿌린다. (오일은 식힌 후 치즈클로스에 걸러 다음에 재사용한다.)

빵의 기본

이 토스트 요리책을 진행하면서 나는 4-500개에 가까운 토스트를 만들었다. 이 모든 시험과 맛보기 과정을 통해 빵의 종류와 빵 슬라이스 두께에 대해 몇 가지 발견한 것이 있다. 대부분의 토스트는 간단한 시골풍의 빵을 기본으로 사용했을 때 가장 맛이 좋다. 그렇긴 하지만 워낙 다양한 종류의 빵이 있고 몇몇 레시피는 특정한 빵을 필요로 한다. 패티 멜트 토스트(53페이지)는 캐러웨이 씨가 박힌 유대인식 호밀빵을 써야 제격이고, 무화과 잼을 바른 메이플 시럽에 졸인 배 토스트(28페이지)는 호두나 피칸이 들어간 빵이 가장 잘 어울린다.

빵 구입하기

좋은 빵을 사용할수록 훌륭한 토스트가 완성된다는 사실을 잊지 말고 정성스럽게 빵을 반죽하고 구워 신선한 빵을 판매하는 베이커리나 마켓을 찾도록 한다. 빵을 선택할 때 구멍이나 터널이 많지 않은 빵을 고르도록 한다. 토핑이 빵에 있는 구멍을 통해 접시에 떨어지는 것만큼 개성 있는 토스트에 치명적인 것은 없을 테니까.

빵 썰기

빵이 납작해지거나 뜯어지지 않게 썰려면 날이 톱니 모양으로 된 빵 칼을 사용하는 것이 좋다. 하루 지난(또는 며칠 지난) 폭신한 빵을 자를 때는 빵을 옆으로 뉘어서 자르면 빵이 눌리는 것을 방지할 수 있다. 가장 이상적인 토스트 빵의 두께는 1.25-2cm 사이이다. 나는 두꺼운 빵이 주는 바삭하면서도 폭신한 식감을 선호한다. 얇은 빵을 선호한다면 얇은 빵을 사용해도 무관하다. 토스트는 어떤 선택도 받아들일 준비가 된 음식이니 당신의 소중한 입맛을 따르길.

빵 보관하기

신선한 빵을 며칠 동안 보관하려면 종이봉투에 싸서 비닐봉투에 넣어둔다. 그러면 습기가 날아가지 않아 빵이 딱딱해지거나 냄새가 나지 않는다. 종류나 재료에 따라 빵은 3-5일 정도 보관할 수 있고, 느림 발효빵이라면 그보다 더 오랫동안 보관할 수 있다.

가을의 토스트

마카다미아 카다멈 버터 토스트

MACADAMIA·CARDAMOM
BUTTER TOAST

4인분

카다멈은 나의 마음과 상상력을 모두 **빼앗아버리는** 향신료다. 이국적이고 신선한 사향 냄새와 송진 냄새가 맴도는 카다멈은 진한 향의 터키 커피, 손으로 짠 러그, 향신료 시장, 콜kohl로 아이라인을 짙게 그린 눈가를 떠올리게 한다. 어처구니없을 정도로 진한 이 마카다미아 넛 버터에서 카다멈과 화이트 초콜릿은, 구워서 곱게 간 견과류에 달콤하고 강한 느낌을 더해준다. 정말로 관능적인 토스트를 원한다면 4등분한 신선한 무화과를 몇 개 올리거나, 살구를 반으로 자르고 꿀을 발라 윤기나게 구워 올려도 좋다(28페이지 메이플 시럽에 졸인 배 방식 참조. 배를 살구로, 메이플 시럽을 꿀로 대체할 수 있다).

마카다미아 카다멈 버터

마카다미아 270g
화이트 초콜릿 115g, 곱게 썰어 준비
카다멈 파우더 1과 1/2작은술
굵은 코셔 소금 1/2작은술

---

1. **마카다미아 카다멈 버터 만들기:** 오븐을 190℃까지 예열한다.

2. 베이킹팬에 마카다미아를 올리고 7-8분 정도 노릇하게 굽는다. 중간에 팬을 한 번 흔들어 준다. 내열접시에 담아 식힌다.

3. 화이트 초콜릿을 전자레인지용 볼에 넣고 해동 모드 상태로 30초마다 강도를 높여가며(강도를 높일 때마다 한 번씩 저어준다), 덩어리가 없어질 때까지 2-3분 정도 녹인다.

토스트

2cm 두께로 썬 식빵 4장
빵에 바를 무염 버터, 부드러운 상태로
빵에 뿌릴 굵은 코셔 소금

---

4. 푸드 프로세서에 구운 마카다미아, 카다멈, 소금을 넣고 마카다미아가 잘 으깨져 크리미한 버터가 될 때까지 1분 정도 분쇄한다. 녹인 초콜릿을 넣고 20초 정도 골고루 섞는다. (이 단계에서는 묽은 상태이지만 냉장고에 넣어두면 단단해진다.)

5. **토스트 만들기:** 7-8페이지의 설명에 따라 빵을 굽는다. 1분 정도 식힌다. 구운 빵 위에 마카다미아 카다멈 버터를 발라 토스트를 완성한다.

치즈 페퍼로니 버터 토스트

CHEESY PEPPERONI BUTTER TOAST

4인분

나는 당신의 세상을 바꿀 두 단어를 알고 있다. 바로 페퍼로니 버터. 이 토스트는 부드러운 버터와 페퍼로니 덩어리를 잔뜩 넣으면 된다. 물론 고급 페퍼로니를 쓰면 맛의 차이를 확연히 느낄 수 있고 이왕이면 이미 슬라이스해서 나오는 제품보다 덩어리로 된 제품을 구입하길 권한다. 얇게 슬라이스 해놓은 페퍼로니는 쉬이 건조해지기 마련이다(향신료를 넣어 발라먹는 고기 혼합물인 은두자 또는 모르타델라mortadella 소시지도 환상적인 대체 재료이다). 토스트 위에 신선한 모차렐라 치즈를 용암처럼 녹이면 피자 브레드 2.0이 완성된다. 페퍼로니 버터가 남는다면 따뜻한 파스타 소스에 한 덩어리 녹여보길. 세상에서 가장 평범한 토마토 소스를 풍성하고 극적인 뉘앙스를 가진 라구 소스로 만들어줄 것이다.

페퍼로니 버터

무염 버터 115g, 부드러운 상태로
슬라이스하지 않은 페퍼로니 55g, 1.27cm 크기로 잘라 준비
스모크 파프리카 파우더 1/2작은술
레드 페퍼 플레이크 1/4-1/2작은술

1. **페퍼로니 버터 만들기:** 푸드 프로세서에 버터, 페퍼로니, 스모크 파프리카 파우더, 레드 페퍼 플레이크를 넣고 잘 섞는다. 덩어리가 조금 남는 정도로 분쇄한다.

2. **토스트 만들기:** 각각의 빵에 페퍼로니 버터를 넉넉히 바른다. 7페이지의 브로일드 방식에 따라 빵을 굽는다.

토스트

2cm 두께로 썬 시골풍의 빵 4장
생 모차렐라 치즈 225g, 8개로 슬라이스해서 준비
큼직하게 썰거나 손으로 찢은 생 바질 잎 4큰술
굵은 코셔 또는 플레이크 소금

3. 오븐의 그릴을 강으로 예열하고 베이킹팬을 호일로 덮는다. 준비한 빵 위에 모차렐라 치즈를 2장씩 올리고(필요하면 겹쳐 올린다), 베이킹팬에 놓은 후 치즈가 녹아 갈색을 띨 때까지 2-3분 정도 굽는다(브로일러의 강도가 다르므로 치즈를 잘 지켜본다).

4. 토스트 위에 바질 1큰술을 올리고, 소금을 뿌려낸다.

마늘로 향을 낸 청겨자를 올린 로메스코 토스트

ROMESCO TOAST WITH
GARLICKY MUSTARD GREENS

4인분

미국 대부분의 지역에서 단맛이 꽉 찬 여름 토마토의 수확 시기는 10월까지 이어진다. 그렇기 때문에 겨울 시즌을 알리는 첫 채소와 페어링을 하는 것은 자연스러운 조합이다. 이 레시피의 매력은 토마토는 튀긴 아몬드 베이스의 스페인식 로메스코 소스와 결합하고, 중간 정도의 단맛을 가진 붉은 건乾고추와 쉐리 비니거sherry vinegar 한 방울로 짜릿함을 더하는 것이다. 남은 소스는 파스타에 뒤적여주거나 채소 딥으로 사용한다.

로메스코 소스

큼직한 토마토 1개, 가로로 반을 잘라 씨를 빼어 준비
엑스트라버진 올리브오일 80ml
큼직한 통마늘 1쪽, 껍질을 벗겨 준비
말린 멕시코 과히요 칠리 1개 (또는 앤초 칠리 1개 또는 파실라 칠리 2개)
살짝 볶은 아몬드 40g
2cm 크기로 썬 바게트 20g
쉐리 비니거 1큰술
굵은 코셔 소금 1과 1/4작은술

토스트

엑스트라버진 올리브오일 2큰술, 빵과 마무리에 필요한 여분 준비
마늘 2쪽, 얇게 저며 준비
통후추 1/4작은술
큼직하게 썬 청겨자 또는 케일 170g (줄기와 질긴 부분 제거)
빵에 뿌릴 굵은 코셔 또는 플레이크 소금 1/2작은술, 여분의 한 꼬집
2cm 두께로 썬 시골풍의 빵 4장

---

1. **로메스코 소스 만들기:** 브로일러(그릴)를 강으로 예열한다. 베이킹팬에 호일을 씌우고, 그 위에 반으로 자른 토마토를 올린 후 표면이 살짝 그슬릴 때까지 6-8분 정도 굽는다(브로일러의 강도가 다르므로 잘 지켜본다). 토마토를 푸드 프로세서에 넣는다.

2. 작은 냄비에 물을 끓인다.

3. 그동안 대형 프라이팬에 올리브오일과 마늘을 넣고 중-강불로 마늘이 노릇해질 때까지 집게로 뒤집어가며 1-2분 정도 볶는다. 고추를 넣은 후 김이 나고 마늘이 갈색을 띨 때까지 1-2분 정도 볶는다. 흘림국자를 이용해 마늘을 푸드 프로세서에 넣고, 고추는 끓는 물에 넣고 잠길 수 있도록 접시나 유리잔으로 눌러준다.

4. 아몬드와 바게트를 뜨겁게 달군 기름에 넣고 표면이 노릇해질 때까지 1.5-2분 정도 살짝 튀겨준다. 흘림국자를 사용해 아몬드와 바게트를 푸드 프로세서에 옮긴다. 남은 오일은 내열 계량컵에 따라낸다.

5. 물을 따라버리고 고추를 꺼내 줄기와 씨를 발라낸다. 고추와 식초, 소금을 푸드 프로세서에 넣고 덩어리가 조금 있는 상태가 될 때까지 30초 정도 분쇄한다. 푸드 프로세서를 가동하면서 따라둔 오일을 넣고 1분 정도 걸쭉한 상태가 될 때까지 섞는다.

6. **토스트 만들기:** 사용한 프라이팬에 올리브오일 2큰술을 넣고 마늘과 후추를 넣어 30초 정도 중-강불로 볶는다. 마늘이 노릇해지면 청겨자와 소금 1/2작은술을 넣는다. 청겨자 잎의 숨이 죽을 때까지 3-4분 정도 잘 볶는다. 기름이 빠질 수 있도록 싱크대 위에 놓은 고운 채반이나 콜랜더(체)에 덜어낸다.

7. 7-8페이지의 설명에 따라 빵을 굽는다. 구운 빵 위에 로메스코 소스를 몇 스푼 바르고 그 위에 청겨자를 올린다. 올리브오일과 플레이크 소금을 살짝 뿌려낸다.

크로크무슈 토스트
CROQUE MONSIEUR TOAST

4인분

이 토스트는 베네치아에 위치한 해리스 바Harry's Bar, 헤밍웨이 등의 명사들이 즐겨 찾던 80년이 넘은 바이다의 크로크무슈에서 영감을 받았다. 전설적인 바이자 레스토랑인 해리스 바는 벨리니 칵테일과 비프 카르파치오가 탄생한 곳이기도 하다. 햄과 그뤼에르 치즈 사이에 베샤멜 소스를 넣어 만드는 전통적인 파리지앵 스타일의 크로크무슈와는 달리 해리스 바의 크로크무슈는 간 그뤼에르 치즈와, 디종 머스터드, 우스터 소스의 톡 쏘는 맛을 하나로 잡아주는 달걀노른자를 사용해 만든다. 밤 외출을 위해 한껏 멋을 부린 그릴 치즈 토스트와 같다고나 할까.

토스트

2cm 두께로 썬 시골풍의 빵 또는 식빵 4장
엑스트라버진 올리브오일 3큰술

크로크무슈

간 그뤼에르 치즈 115g
간 에멘탈 치즈 60g
달걀노른자 1개
생크림 2큰술, 필요에 따라 여분
우스터 소스 1작은술
디종 머스터드 1/4작은술
굵은 코셔 소금 1/4작은술
블랙 포레스트 햄 슬라이스 115g, 잘게 다져 준비

1. **토스트 만들기:** 빵 한쪽 면에 올리브오일을 가볍게 뿌린다. 8페이지의 '프라이팬에 튀기기 방식'으로 굽는다. 굽지 않는 면이 위로 가도록 해서 호일을 씌운 베이킹팬에 놓는다.

2. **크로크무슈 만들기:** 푸드 프로세서에 그뤼에르 치즈, 에멘탈 치즈, 달걀노른자, 크림, 우스터 소스, 머스터드, 소금을 넣고 한 덩어리가 될 때까지 20초 정도 돌린다. 푸드 프로세서의 칼날을

제거하고 치즈 덩어리에 햄을 넣어 스푼으로 잘 섞는다. 이렇게 만든 치즈를 빵 위에 바른다(치즈가 너무 되면 크림을 조금 더 넣는다). 준비한 빵을 베이킹팬 위에 올린다.

3. 오븐 그릴 선반의 높이를 조절해 브로일러로부터 15-18cm 떨어지게 위치시킨 후 강으로 예열한다. 치즈가 노릇해질 때까지 3-4분 굽는다(브로일러마다 강도가 다르므로 잘 지켜본다).

만체고 치즈와 향신료에 볶은 피칸을 곁들이고 사이더를 발라 구운 스쿼시 토스트

CIDER-GLAZED SQUASH TOAST WITH MANCHEGO AND SPICED PECANS

4인분(여분의 스쿼시 포함)

가람 마살라Garam Masala는 인도 북구에서 유래한 따뜻한 향신료 믹스로, 커민, 고수 씨, 계피, 정향, 통후추, 월계수 잎뿐만 아니라 드라이 장미봉우리와 같은 여러 가지 향신료, 씨앗, 이파리를 섞어 만든다. 특히 가람 마살라는 따뜻한 애플 사이더나 구운 스쿼시(호박) 같은 가을 재료를 돋보이게 하는데 이상적이다. 가람 마살라는 대부분의 슈퍼마켓에서 구입할 수 있지만 원하는 향신료를 향이 살아날 때까지 구운 다음 향신료 그라인더에 고운 가루가 될 때까지 분쇄해 고유의 하우스 블렌드를 각자 만들어 사용해도 좋다. 이 토스트에서 가람 마살라는 사이더를 발라 프라이팬에 구운 버터넛 스쿼시와 구운 피칸의 따뜻한 맛과 대조를 이룬다. 날카로운 맛과 짭짤한 맛이 강한 양유로 만든 스페인산 만체고 치즈를 얇게 슬라이스해서 올리면 단맛을 상쇄해준다.

피칸 & 스쿼시

반으로 가른 피칸 50g
카놀라유 1과 1/2 작은술
아이싱 슈거 2큰술
가람 마살라 3/4작은술
굵은 코셔 소금 3/4작은술
무염 버터 30g
곱게 다진 신선한 로즈마리 1과 1/2작은술
시나몬 스틱 1개
통후추 1/2작은술
2cm 크기로 깍둑 썬 버터넛 스쿼시 340g
생강 파우더 1/2작은술
카옌 페퍼 파우더 1/8작은술
애플 사이더 155ml, 필요에 따라 추가

1. **피칸 만들기:** 오븐을 190℃로 예열한다. 베이킹팬에 유산지를 깔아 준비한다.

2. 중형 볼에 피칸과 오일을 뒤적여 섞는다. 소형 볼에 아이싱 슈거, 가람 마살라, 소금 1/4작은술을 섞는다. 이를 피칸에 넣고 뒤적여 섞은 후 베이킹팬에 올리고 피칸 속까지 노릇해지고 향이 날 때까지 10-12분 정도 굽는다(피칸 1개를 꺼내 자르고

토스트

2cm 두께로 썬 시골풍의 빵 4장
무염 버터, 부드러운 상태로 준비
만체고 또는 (페코리노 로마노와 같은) 양유로 만든 경성 치즈 작은 조각

속을 확인한다). 오븐에서 꺼내 내열접시에 올려 식힌다. 식으면 큼직하게 다진다.

3. **스쿼시 만들기:** 큰 프라이팬을 중-강불에 가열하여 버터를 녹인다. 로즈마리, 시나몬 스틱, 후추를 넣고 30초 정도 향을 낸 후 여기에 생강, 카옌, 남은 소금 1/2작은술을 넣는다. 중불로 줄이고 스쿼시 가장자리가 노릇해질 때까지 한 번씩 저어가며 8분 정도 굽는다. 애플 사이더를 넣고 약불로 줄인 후 잘 저어가며 애플 사이더가 스쿼시에 스며들어 스쿼시가 부드러워 질 때까지, 10분 정도 더 익힌다(스쿼시가 부드러워지기 전에 사이더가 말라버리면 조금 더 넣는다). 불에서 내리고 시나몬 스틱을 꺼낸 후 감자 으깨기를 이용해 스쿼시를 으깬다.

4. **토스트 만들기:** 7-8페이지의 설명에 따라 빵을 굽는다. 으깬 스쿼시를 빵 위에 넉넉히 올리고 평평하게 누른 후 피칸을 올리고 그 위에 만체고 치즈를 뿌려낸다.

야생 버섯 포레스트 토스트

WILD MUSHROOM FOREST TOAST

4인분

가을에 내 마음을 행복하게 하는 것들이 있다. 수북하게 쌓인 낙엽이 바스락거리는 소리를 들으며 숲 속을 산책하는 것. 소나무 송진 향과 저기 멀리 어딘가에서 스토브에 피운 장작불 연기 한 줄이 공기 중에 퍼지는 것. 이 토스트는 그 숲 속의 아늑한 느낌을 맛있게 전해준다. 견과류를 넣어 캐러멜화한 양파, 로즈마리, 타임과 흙냄새 그윽한 야생 버섯이 가득한 가을 패키지이다. 깊은 가을 숲 길 위에서 벌어지는 격투 같은 맛이 완성된다. 이 토스트의 토핑은 폴렌타풍 빵이나 페코리노 치즈 또는 후추를 넣어 만든 빵에 올리면 특히 아름답다.

양파 & 버섯

무염 버터 30g
엑스트라버진 올리브오일 1큰술
중간 사이즈 양파 1/2개, 반으로 자르고 얇게 슬라이스해서 준비
곱게 다진 신선한 로즈마리 2작은술
곱게 다진 신선한 타임 1작은술
잎새버섯 (마이타케), 살구버섯 (샹트렐), 블루풋과 같은 야생 버섯 225g, 줄기를 제거하고 얇게 슬라이스해서 준비
굵은 코셔 소금 1작은술, 필요에 따라 추가
드라이한 베르무트 1큰술
통후추 1/2작은술

토스트

잣 3큰술
2cm 두께로 썬 사우어 도우 빵 4장
빵에 사용할 엑스트라버진 올리브오일
빵에 뿌릴 굵은 코셔 소금
곱게 다진 신선한 이탈리안 파슬리 1큰술

1. **양파 & 버섯 만들기:** 대형 프라이팬을 중-강불에 올린다. 버터와 올리브오일을 넣고 버터가 녹으면 양파, 로즈마리, 타임을 넣는다. 양파가 익고 노릇해질 때까지 5-6분 정도 잘 섞어가며 볶는다. 약불로 줄이고 프라이팬에 뚜껑을 덮어 양파의 노릇함이 깊어지고 가장자리가 갈색이 될 때까지 한 번씩 저어주며 15-20분 정도 익힌다.

2. 여기에 버섯과 소금을 넣고 노릇해질 때까지 8분 정도 잘 저어주며 익힌다. 베르무트와 후추를 넣고 베르무트가 완전히 증

발해 프라이팬에 물기가 남지 않은 상태가 되면 불에서 내린다. 맛을 보고 필요에 따라 소금 간을 더한다.

3. **토스트 만들기:** 소형 프라이팬을 중불에 올리고 잣을 볶는다. 프라이팬을 잘 흔들어주면서 잣이 노릇하게 될 때까지 3-5분 정도 굽는다. 내열접시에 옮긴다.

4. 7-8페이지의 설명에 따라 빵을 굽는다. 구운 빵 위에 볶은 버섯을 넉넉하게 올리고 잣과 파슬리를 올려낸다.

참깨 허니 바비큐 프라이드치킨 토스트

SESAME AND
HONEY·BARBECUE FRIED CHICKEN TOAST

4인분

이 토스트에 올리는 꿀에 흠뻑 적신 프라이드치킨은, 와플에 올린 미국 남부식 치킨과 쓰촨식 프라이드치킨 중간쯤에 있다. 빵은 굽기 전에 마요네즈를 발라 코팅을 하면, 소스가 윤기 나게 흐르는 프라이드치킨을 지켜주는 슈퍼 바삭 장벽이 형성된다. 패티 멜트 토스트에도 사용하는 비법이다(53페이지 참조). 닭을 반으로 자르는 대신 스트립으로 자르면 한 입 베어 물 때마다 바삭한 코팅을 즐길 수 있고, 닭정육을 반으로 자르면 고기 안의 육즙과 겉면의 바삭한 코팅 비율을 동일하게 완성할 수 있다.

프라이드치킨

버터 밀크 240ml
굵은 코셔 소금 2와 1/2 작은술
마늘 파우더 1/2작은술
통후추 1/2작은술
스위트 파프리카 가루 1/2작은술
뼈와 껍질을 제거한 닭정육살 680g, 길게 반으로 자르거나 스
  트립으로 길게 잘라 준비
다목적용 밀가루 125g
옥수수맛 전분 50g
바비큐 소스 3큰술
케첩 2큰술
꿀 1큰술
핫소스 1-2큰술
카놀라유 950ml-1.2L
볶은 참깨 2큰술

1. **프라이드치킨 만들기:** 중형 볼에 버터 밀크, 소금 2작은술, 마늘 파우더, 후추, 파프리카를 넣고 섞는다. 닭정육을 넣고 잘 바른 후 1시간 또는 하룻밤 냉장고에 넣어둔다.

2. 대형 볼에 밀가루, 옥수수맛 전분, 남은 소금 1/2작은술을 넣고 섞는다. 다른 대형 볼에 바비큐 소스와 케첩, 꿀, 핫소스를 섞어둔다.

토스트

샌드위치 빵 4장
빵에 바를 마요네즈 3큰술
빵에 뿌릴 굵은 코셔 소금

3. 버터 밀크에 재워둔 닭은 꺼낸다(남은 양념은 버린다). 닭을 섞어둔 밀가루에 넣고 옷을 입힌다. 기름을 데운다.

4. 키친타월을 덮은 베이킹팬 위에 그릴 선반을 놓는다. 바닥이 깊은 대형 프라이팬에 기름을 넣고 180-185℃가 될 때까지 가열한다. 준비해둔 닭정육 반을 넣고 양면이 노릇해질 때까지 한 면당 4-5분 정도 튀긴다. 닭고기가 익으면 그릴 선반에 올려 기름을 빼주고 남은 닭고기를 튀긴다.

5. **토스트 만들기:** 빵 위에 마요네즈를 바르고 소금을 뿌린다. 7-8페이지의 브로일러 또는 팬프라이 방식에 따라 굽는다. (주의: 마요네즈를 바른 빵은 버터나 오일을 바른 빵보다 빨리 타기 때문에 잘 지켜본다. 팬프라이를 할 경우 따로 버터를 녹이거나 오일을 추가할 필요가 없다. 빵에 바른 마요네즈만으로도 충분히 노릇하게 구워진다.)

6. 바비큐 소스가 들은 볼에 튀긴 닭고기를 넣고 가볍게 뒤적여준다. 깨소금을 뿌린다. 빵 위에 닭고기 1-2조각을 올려낸다.

추수감사절 토스트

THANKSGIVING TOAST

4인분

추수감사절 그리고 남은 음식. 미국인들은 일 년 내내 이 두 단어를 열렬히 기다린다. 아래 나온 재료 중 없는 것이 있다면 간단하게 대체할 재료를 찾으면 된다. 으깬 감자 대신에 칠면조 안에 든 소를 사용하고, 크랜베리 소스가 없다면 사과 소스를 넣고, 칠면조가 없다면 구운 야채를 사용해 베지테리안 버전을 만들면 된다. 조리 과정은 정말 간단하지만 추수감사절 음식에 준하는 맛이 완성되기 때문에 추수감사절을 두 번 지내는 것과 같은 효과를 볼 수 있다.

무염 버터 70g
신선한 세이지 잎 4장, 큼직하게 썰어 준비
얇게 저민 마늘 1쪽
얇게 찢은 칠면조 285g (화이트, 다크 무관)
굵은 코셔 소금
2cm 두께로 썬 빵 4장

으깬 감자 180g (차게 식은 경우 전자레인지에 데워 준비)
간 치즈 60g (체더, 스위스 또는 하우다)
크랜베리 소스 또는 렐리시 120ml
그래비 소스 120ml (선택사항)
곱게 다진 신선한 차이브 1큰술

---

1. 버터, 세이지, 마늘을 전자레인지용 볼에 넣고 버터가 녹고 세이지, 마늘 향이 올라올 때까지 20초 간격으로 강도를 높여가며 1분 30초 정도 전자레인지에 녹인다.

2. 세이지 버터 2큰술을 중형 프라이팬에 넣고 중불로 데운다. 칠면조를 넣고 골고루 데워지고 바삭한 상태가 될 때까지 3-4분 정도 잘 볶아준다(칠면조가 너무 마르지 않도록 주의). 소금으로 간을 해둔다.

3. 브로일러를 강으로 예열한다. 남은 세이지 버터 3큰술을 빵 위에 바르고 베이킹팬 위에 올린다. 7페이지의 브로일러 방식으로 빵을 굽는다. 브로일러는 켠 상태로 둔다.

4. 소형 볼에 으깬 감자와 치즈를 넣고 섞는다. 크랜베리 소스를 버터를 바른 면 빵 위에 바른다. 치즈와 섞은 으깬 감자를 크랜베리 소스 위에 나누어 올리고 브로일러에 넣어 30초-1분 정도 감자가 노릇해질 때까지 굽는다(브로일러의 강도가 다르므로 잘 지켜본다).

5. 감자 위에 칠면조를 수북하게 올리고 그래비 소스(사용할 경우)를 붓고 차이브를 살짝 뿌려낸다.

무화과 참깨 잼을 발라 메이플 시럽에 졸인 배를 올리고 발사믹 드리즐로 마무리한 토스트

MAPLE PEAR TOAST WITH FIG-SESAME JAM AND BALSAMIC DRIZZLE

4인분

과일, 산, 치즈, 빵. 이 토스트는 치즈 플레이트의 정수만 골라 완성한다. 배는 황설탕과 메이플 시럽에 부드럽게 캐러멜화한다. 볶은 참깨의 고소한 맛이 숨어 있는 무화과 잼을 바른 빵 위에, 배를 올린다. 졸인 발사믹 비니거는 시럽 같은 식감으로 톡 쏘는 맛을 더하고, 수정 같은 파르미지아노 레지아노 치즈는 이 단맛을 받쳐준다.

메이플 시럽에 졸인 배

황설탕 2큰술
메이플 시럽 2큰술
굵은 코셔 소금 두 꼬집
너무 단단하지 않은 바틀릿 배 2개, 반으로 자르고 씨를 제거해 준비, 반으로 자른 배는 다시 길게 6조각으로 잘라서 준비

1. **메이플 시럽에 졸인 배 만들기:** 오븐을 200℃로 예열한다. 베이킹팬에 유산지를 깔아 준비한다.

2. 중형 볼에 황설탕, 메이플 시럽, 소금을 넣고 섞는다. 슬라이스한 배를 넣고 살살 뒤적인다. 배를 베이킹팬에 올리고 가장자리가 갈색으로 변하고 익을 때까지 18-20분 정도 굽는다. 오븐에서 꺼낸 후 배를 뒤집고 한쪽에 두어 식힌다.

3. **토스트 만들기:** 소형 소스팬을 중불에 올리고 비니거를 넣고 양이 반 정도 줄어, 되직하고 시럽 같은 상태가 될 때까지

토스트

발사믹 비니거 60ml
흰 참깨 1큰술, 볶아서 준비
무화과 잼 4큰술
2cm 두께로 썬 과일과 견과류를 넣은 빵 4장
빵에 바를 무염 버터, 부드러운 상태로 준비
파르미지아노 레지아노 치즈 작은 조각

3-5분 정도 졸인다(식히면 더욱 되직해진다. 빵 위에 뿌리기에 너무 되직한 상태가 되면 전자레인지에 몇 초 데운다). 소형 볼에 참깨와 무화과 잼을 섞는다.

4. 7-8페이지의 설명에 따라 빵을 굽는다.

5. 감자칼을 이용해 파르미지아노 레지아노 치즈를 스트립 모양으로 깎는다. 빵 위에 무화과 잼을 바르고 그 위에 배를 몇 개 올린다(빵 슬라이스가 작으면 배가 남을 수도 있다). 졸인 발사믹 비니거를 뿌리고 깎아낸 치즈를 올려낸다.

더치 애플파이 토스트
DUTCH APPLE PIE TOAST

4인분

번거롭게 파이 도우를 만들지 않고도 애플파이의 황홀함을 느끼고 싶을 때가 있을 것이다. 바로 그런 생각으로 탄생한 토스트이다. 버터를 넉넉히 바른 토스트 위에 향신료를 넣어 따뜻하게 볶은 사과와 너겟 같은 슈트로이젤 파이 토핑을 올려 완성한다. 토스트가 파이의 크러스트 역할을 대신하는 게 비법이다.

애플 & 슈트로이젤

그래니 스미스 사과 (또는 기타 아삭한 타르트용 사과) 2개, 껍질을 벗기고, 심을 제거하고 1cm 크기로 잘라 준비
말린 크랜베리 4큰술
그래뉼러당 3큰술
생 레몬즙 1큰술
시나몬 파우더 1/2작은술
굵은 코셔 소금 1/4작은술
무염 버터 85g
생크림 2큰술
다목적용 밀가루 40g
황설탕 2큰술
옥수수가루 2작은술

토스트

2cm 두께로 썬 시골풍의 빵 4장
빵에 바를 무염 버터, 부드러운 상태로 준비
아이싱 슈거

---

1. **애플 & 슈트로이젤 만들기:** 중형 볼에 사과, 크랜베리, 그래뉼러당 2큰술, 레몬즙, 시나몬, 소금 1/8작은술을 넣고 섞는다.

2. 중형 소스팬을 중-강불에 올리고 버터 2큰술을 녹인다. 재료와 섞은 사과를 넣고 중불로 줄여 사과로부터 나온 즙이 거의 증발될 때까지 한 번씩 뒤적이며 8분 정도 익힌다. 여기에 크림을 넣고 사과가 푹 익어 으깨기 쉬운 상태가 될 때까지 4-5분 정도 계속 익힌다. 불에서 내리고 포크를 사용해 사과를 반 정도 으깬다.

3. 사과를 익히는 동안, 오븐을 180℃로 예열한다. 베이킹팬에 유산지를 깔아 준비한다.

4. 중형 볼에 밀가루, 황설탕, 옥수수가루, 남은 그래뉼러당 1큰술, 소금 1/8작은술을 넣어 섞는다. 남은 버터 4큰술을 녹여 재료와 섞은 밀가루에 뿌리고 포크를 이용해 슈트로이젤 소보루 덩어리가 생길 때까지 섞는다. 만들어진 슈트로이젤을 베이킹팬에 옮기고 노릇해질 때까지 8-10분 정도 굽는다. 슈트로이젤을 오븐에서 꺼낸다.

5. **토스트 만들기:** 7-8페이지의 설명에 따라 빵을 굽는다. 사과를 빵에 올리고 그 위에 슈트로이젤을 넉넉하게 올린 후 살짝 눌러 고정시킨다. 아이싱 슈거를 뿌려낸다.

31

게스트 셰프 레시피:
맥주를 넣은 콜리플라워 레어빗 토스트
CAULIFLOWER AND BEER RAREBIT TOAST

뉴욕시티 | 4인분

유명한 스미튼 키친Smitten Kitchen 블로그 운영자이자 요리책의 저자인 데브 페럴먼은 두 종류의 치즈를 향한 자신의 집착을 영국식 펍 스타일 토스트로 승화시킨다. 콜리플라워와 레어빗이 바로 그것이다. 레어빗의 베샤멜 소스는 톡 쏘는 맛이 강한 체더 치즈와 전통 방식에 쓰는 우유 대신, 스타우트 맥주를 사용해 만든다. 용암처럼 녹아내리는 소스를, 콜리플라워를 올린 빵 위에 듬뿍 떠 담으면(콜리플라워는 시간이 조금 걸리더라도 오일 2큰술을 뿌려 200℃ 오븐에 20분 정도 구우면 최고의 맛을 낼 수 있다), 놀랍도록 아늑한 토스트가 완성된다.

콜리플라워 & 치즈 소스

작은 콜리플라워 1개, 한 입 사이즈의 작은 꽃으로 썰어 준비
굵은 코셔 소금 2와 1/2작은술
무염 버터 45g
다목적용 밀가루 3큰술
디종 머스터드 또는 머스터드 파우더 2작은술
카옌 페퍼 1/4작은술
포터 또는 스타우트 맥주 355ml
우스터 소스 1작은술, 마무리에 필요한 여분
톡 쏘는 맛이 강한 간 체더 치즈 170g

토스트

2cm 두께로 썬 호밀빵 4장
신선한 이탈리안 파슬리 (선택사항)

---

1. **콜리플라워 만들기:** 소스팬에 물을 끓인다. 콜리플라워와 소금 2작은술을 넣고 콜리플라워가 살짝 익을 때까지 4~5분 정도 끓인다. 물을 따라내고 콜리플라워를 티타월에 올려 식힌다.

2. **치즈 소스 만들기:** 콜리플라워를 데친 소스팬을 중-강불에 올리고 버터를 녹인다. 밀가루를 넣고 거품기를 이용해 1분 정도 저어준다. 머스터드와 카옌 페퍼를 넣고 저어준다. 덩어리지지 않고 잘 섞이도록 맥주를 천천히 부으며 계속 저어준다. 우스터 소스와 남은 소금 1/2작은술을 넣고 나무주걱을 사용해 소스가 조금 되직해질 때까지 30초~1분 정도 저어준다. 체더 치즈를 한 번에 조금씩 넣어 다 녹인 후, 다음 치즈를 넣는다.

치즈를 다 넣고 나면 불에서 내리고 맛을 본 후 필요에 따라 양념을 조절한다. 잠시 식혀둔다.

3. **토스트 만들기:** 소스가 식는 동안, 브로일러를 강으로 예열한다. 베이킹팬에 호일을 깔아 준비한다. 팬에 빵을 올리고 양면 모두 노릇해질 때까지 1.5~2분 정도씩 굽는다.

4. 빵 위에 콜리플라워를 적당히 올린다. 그 위에 치즈 소스를 넉넉히 붓고 우스터 소스를 살짝 뿌려준다. 기호에 따라 파슬리를 올려낸다.

게스트 셰프 레시피:
하쿠레이 순무, 삶은 치킨, 애플버터 토스트

HAKUREI TURNIPS, POACHED CHICKEN, AND APPLE BUTTER TOAST

조지아 | 4인분

단맛이 강한 하쿠레이 순무의 원산지는 일본이지만 초봄부터 가을까지 파머스 마켓에서 구입할 수 있다. 조지아 출신 셰프인 휴 애치슨(파이브&텐, 더 내셔널, 엠파이어 스테이트 사우스, 더 플로렌스의 셰프이기도 하다)은 닭정육과 순무를 치킨 스톡에 삶아, 올리브오일에 튀긴 빵 위에 올려 이 토스트를 완성한다. 순무의 무청은 마늘과 볶아 토핑으로 사용한다.

삶은 닭 & 순무

무염 버터 30g
아주 곱게 다진 양파 1/2개
아주 곱게 다진 셀러리 1/2줄기
신선한 타임 1줄기
월계수 잎 2장
치킨 스톡 또는 육수 475ml
껍질만 제거한 닭정육 2조각
굵은 코셔 소금 1/2작은술
껍질을 벗기지 않은 하쿠레이 순무 작은 것 8개, 4등분해서 준비, 무청도 사용

---

1. **닭 & 순무 삶기:** 중형 냄비를 중불에 올리고 버터를 녹인다. 양파와 셀러리를 넣고 양파가 익을 때까지 5분 정도 잘 저어준다. 타임, 월계수 잎, 치킨 스톡을 넣고 뭉근하게 끓인다(온도는 85℃를 유지한다).

2. 닭에 소금으로 간하고 육수가 든 냄비에 넣는다. 뚜껑을 덮고 닭이 부드럽게 익을 때까지 20분 정도 삶는다. 닭을 육수에서 꺼내고 식혀둔다.

3. 동일한 육수에 순무를 넣고 중-약불로 낮춘 후 7분 정도 익힌다. 육수를 따라 붓고 잠시 둔다.

토스트

엑스트라버진 올리브오일 4큰술
2cm 두께로 썬 캉파뉴 4장
하쿠레이 순무 무청
굵은 코셔 소금 1/2작은술
애플 버터 4큰술
단단한 파머 치즈, 독일산 쿠아르크 치즈 또는 우유로 만든 페타 치즈 115g, 으깬 형태로 준비
으깬 스페인산 마르코나 아몬드 55g

---

4. **토스트 만들기:** 바닥이 두꺼운 프라이팬을 중-강불에 올리고 거의 연기가 날 때까지 올리브오일을 2.5-3분 정도 가열한다. 빵 2장을 넣고 양면이 노릇해질 때까지 각각 2분 정도 튀긴다. 키친타월을 덮은 접시 위에 올리고 남은 빵도 동일하게 튀긴다.

5. 프라이팬에서 올리브오일 1큰술을 덜어내고 순무 무청을 넣은 후 숨이 죽을 때까지 1분 정도 익힌다. 소금으로 간을 하고 삶은 순무를 넣어 무청과 살살 뒤적인다. 불에서 내린다. 닭에서 뼈를 제거하고 살을 잘게 찢은 후 순무에 넣고 함께 뒤적인다.

6. 애플 버터를 빵 위에 바른다. 함께 버무린 닭, 순무, 무청을 그 위에 수북하게 올린다. 파머 치즈와 아몬드를 위에 뿌려낸다.

겨울의 토스트

베스트 시나몬 토스트

BEST CINNAMON TOAST

4인분

나의 어머니는 요리를 잘 못한다. 그렇다고 해도 시나몬 토스트는 망치기 어려운 요리이다. 게다가 어머니가 가장 잘 하는 '홈메이드' 메뉴이기도 하기 때문에 늘 나의 마음 한구석을 차지하고 있다. 이 레시피는 기본에서 몇 단계를 끌어올린 것이다. 버터를 발라 구운 **빵**을 시나몬 설탕 시럽에 적시면 토스트는 거의 커스터드 같은 식감을 지니게 된다. 그렇게 적신 **빵**의 끈적한 면에 시나몬 설탕 옷을 입힌 후 버터를 녹여 **빵**을 튀기고, 가장 자리에 묻은 설탕을 캐러멜화시키면 사탕에 가까운 식감이 완성된다.

시나몬 시럽

설탕 100g
시나몬 스틱 3개

토스트

2cm 두께로 썬 식빵 또는 잡곡빵 4장
무염 버터 85g, 부드러운 상태로 준비
설탕 3큰술
시나몬 파우더 2작은술
아이싱 슈거 (선택사항)

1. **시나몬 시럽 만들기:** 소형 소스팬에 설탕, 시나몬 스틱, 물 120ml를 섞고 강불에서 잘 저어 설탕을 녹이며 한소끔 끓인다. 중-약불로 줄이고 시나몬 향이 올라올 때까지 5분 정도 뭉근하게 끓인다. 불에서 내리고 식혀둔다(시럽은 냉장고에 3주 동안 보관 가능).

2. **토스트 만들기:** 버터 3-4큰술을 빵 양면에 바른다. 7-8페이지의 브로일러 또는 팬프라이 방법으로 굽는다. 한쪽 면에 시나몬 시럽을 넉넉하게 바른다(빵이 너무 눅눅해지지 않을 정도의 시럽을 흡수시킨다).

3. 소형 볼에 설탕과 시나몬 파우더를 잘 섞고 2작은술만 남기고 접시에 옮긴다. 시럽을 바른 면을 시나몬 설탕에 살짝 담근다.

4. 대형 프라이팬을 중-강불에 올리고 남은 버터 2-3큰술을 녹인다. 중불로 줄이고 설탕이 묻은 면이 바닥으로 가게 빵을 올린다. 내열접시를 굽는 빵 위에 올려 눌러준다(접시 위에 통조림 캔을 올려 압력을 가해준다). 빵의 가장자리가 캐러멜 상태가 되고 설탕이 완전히 녹아 빵 표면에 윤기가 날 때까지 굽는다.

5. 캐러멜화된 면이 위로 가게 접시에 올리고 남겨둔 시나몬 설탕과 원한다면 아이싱 슈거를 함께 뿌려낸다.

라브네와 사프란 허니를 곁들인 비트 토스트

ROASTED BEETS ON TOAST WITH LABNEH AND SAFFRON HONEY

4인분

라브네는 레바논 계통 요거트로 맛이 진해 거의 사우어 크림이나 크렘 프레슈 하이브리드에 가깝다고 할 수 있다. 요거트처럼 통에 신선한 상태로 판매하거나 치즈처럼 올리브오일을 넣은 유리병에 공 모양으로 저장해 판매한다. 이 토스트는 크리미한 라브네를 스푼으로 떠서 토스트 위에 올리고 환상적인 맛을 가진 구운 비트와 사프란 향을 낸 꿀로 페어링한다. 여기에 구운 피스타치오와 다진 신선한 민트를 올리면 밝은 색이 살아나고 씹는 식감을 더한다.

사프란 허니 & 구운 비트

사프란 1/2작은술
꿀 120ml
굵은 코셔 소금 1/4작은술, 한 꼬집 여유분
중간 크기의 비트 3개, 끝 부분은 잘라서 준비
엑스트라버진 올리브오일 2큰술
곱게 다진 신선한 민트 2작은술
통후추

토스트

2cm 두께로 썬 시골풍의 빵 4장
빵에 사용할 엑스트라버진 올리브오일
빵에 뿌릴 굵은 코셔 소금
레바논 스타일 라브네 요거트 또는 플레인 그릭 요거트 240ml
구워서 큼직하게 다진 피스타치오 4큰술
플레이크 소금

---

1. **사프란 허니 만들기**: 소형 프라이팬을 중불에 올리고 사프란을 넣은 후 팬을 가볍게 흔들어주며 향이 올라올 때까지 30초-1분 정도 볶는다. 사프란을 작은 접시에 옮기고 티스푼 뒷면을 이용해 고운 가루로 만든다. 프라이팬에 꿀을 넣고 중불로 뭉근하게 끓인다. 사프란 가루와 소금 한 꼬집을 넣어 섞은 후 불에서 내린다.

2. **비트 굽기**: 오븐을 190℃로 예열한다. 정사각형으로 크게 자른 호일 위에 비트를 하나씩 올리고 그 위에 오일을 1작은술씩 뿌린다. 비트를 호일에 싸고 베이킹팬에 올린 후 가장 큰 비트의 중심까지 칼로 쉽게 썰려질 때까지 1시간 정도 굽는다. 오븐에서 꺼내 호일을 열지 말고 20분 정도 둔다. 손으로 만질 수 있을 정도로 비트가 식으면 껍질을 벗기고 한 입 크기로 자른다. 오일 1큰술, 민트, 소금 1/4작은술, 후추를 넣고 살살 뒤적여 둔다.

3. **토스트 만들기**: 7-8페이지의 설명에 따라 빵을 굽는다. 토핑을 올리기 전에 빵을 충분히 식힌다. 빵 위에 라브네를 바르고 그 위에 비트, 피스타치오를 올리고 사프란 허니를 넉넉하게 뿌려주고 플레이크 소금으로 마무리한다.

으깬 테이터 토트 & 달걀 토스트

SMASHED TOT AND EGG TOAST

4인분

바삭하게 구운 테이터 토트Tater Tot, 작은 감자 크로켓는 프렌치 프라이와 해시 브라운의 사랑의 결실이다. 버터를 발라 구운 토스트에 으깨 올리고 그 위에 달걀 프라이를 올리면 이보다 만족스러운 음식이 또 없다. 나는 케첩 파이기 때문에 케첩을 잭슨 폴록 그림처럼 지그재그로 빵 위에 뿌려준다. 스리라차 소스, 살사, 핫소스를 뿌려도 좋다. 불금과 같은 밤을 보낸 다음날 일어나 속이 허기지고 뭔가 든든한 것이 당길 때 이 토스트를 먹는다. 한번 먹어보면 내가 무슨 말을 하는지 이해할 수 있을 것이다.

테이터 토트	토스트
냉동 테이터 토트 (감자볼) 225g	2cm 두께로 썬 시골풍의 빵 또는 식빵 4장
포도씨유 1큰술	무염 버터 15g, 부드러운 상태로, 여분 준비
	달걀 4개
	굵은 코셔 소금과 통후추
	케첩, 살사, 스리라차 또는 핫소스
	플레이크 소금

1. **테이터 토트 굽기:** 제품 설명서에 나온 온도로 오븐을 예열한다. 중형 볼에 테이터 토트와 포도씨유를 뒤적여(감자를 더욱 바삭하게 함) 베이킹팬 위에 올린다. 제품 설명서에 따라 굽는다.

2. **토스트 만들기:** 8페이지 설명에 따라 빵을 팬프라이한다. 빵을 접시에 옮긴다. 테이터 토트를 빵 위에 나누어 담고 포크를 사용해 눌러 으깬다.

3. 동일한 프라이팬을 중-강불에 올리고 버터 1큰술을 녹인다. 달걀을 넣고 소금과 후추로 간을 한 후, 흰자는 익어 모양이 잡히고 노른자는 반숙 상태일 때까지 3-4분 굽는다. 달걀을 테이터 토트 위에 올리고 케첩을 뿌린 후 플레이크 소금을 살짝 뿌려 완성한다.

렌틸콩, 베이컨, 양배추 토스트

LENTIL, BACON AND CABBAGE TOAST

4인분

렌틸콩은 집에서 애용하는 주식이다. 값도 싸고 단백질, 식이섬유, 철이 풍부하다. 이 레시피에서는 오리 베이컨을 사용해 고기 맛과 어우러진 렌틸콩의 풍성한 맛을 살렸다. 하지만 베지테리안 친화적 메뉴를 원한다면 베이컨은 생략해도 좋다. (혹은 베지테리안용 베이컨으로 대체한다.) 얇게 썬 주름진 양배추는 전체 요리를 가볍게 만들어준다. 남은 콩은 수란이나 달걀 프라이에 올려 먹으면 아침식사로 누릴 수 있는 최고의 행복을 보장한다.

렌틸콩	토스트
엑스트라버진 올리브오일 2큰술	2cm 두께로 썬 시골풍의 빵 4장
베이컨 5장 (오리 베이컨 선호), 잘게 썰어 준비	엑스트라버진 올리브오일, 빵과 마무리에 필요한 여분 준비
중간 크기의 파 4줄기, 곱게 다져 준비	빵에 뿌릴 굵은 코셔 소금
후추 1/2작은술	얇게 썬 파 2줄기
곱게 다진 마늘 2쪽	
얇게 슬라이스한 양배추 1/4개	
곱게 다진 신선한 타임 1과 1/2작은술	
굵은 코셔 소금 1작은술	
프렌치 그린 렌틸콩 165g, 씻어서 준비	
드라이한 화이트 와인 120ml	
무염 버터 1큰술 (15g)	

1. **렌틸콩 만들기:** 깊은 대형 프라이팬을 중불에 올리고 올리브오일을 데운다. 베이컨을 넣고 지방이 녹고 바삭해질 때까지 5~6분 굽는다. 흘림국자를 사용해 접시에 옮겨둔다. 프라이팬에 파와 후추를 넣고 1분 정도 익힌다. 여기에 마늘을 넣고 30초 정도 향을 낸다. 양배추, 타임 소금을 넣고 양배추가 팬에 살짝 눌어붙기 시작할 때까지 7~8분 정도 한 번씩 섞어주며 볶는다.

2. 여기에 렌틸콩과 와인을 넣는다. 강불로 조절하고 와인이 증발할 때까지 2~3분 정도 한 번씩 저어주며 뭉근하게 끓인다. 물 355ml를 넣고 한소끔 끓인다. 불을 중-약불로 줄이고 뚜껑을 덮어 렌틸콩이 부드럽게 익을 때까지 50분 정도 익힌다. 뚜껑을 열고 버터를 섞는다.

3. **토스트 만들기:** 7~8페이지의 설명에 따라 빵을 굽는다. 빵 위에 렌틸콩을 올린다. 구워둔 베이컨과 파를 위에 올리고 올리브오일을 뿌려 완성한다.

봄베이 버블 & 스퀴크 토스트

BOMBAY BUBBLE AND SQUEAK TOAST

4인분

먹다 남은 매시 포테이토를 활용할 수 있는 천재적인 레시피들이야 많겠지만 그중 가장 혁신적인 시도는 영국의 버블 & 스퀴크이다. 이 요리의 이름은 매시 포테이토를 녹인 버터에 팬프라이할 때 나는 소리를 따서 만들었다. 영국인들의 커리 사랑에 대해서는 모두가 잘 알고 있을 것이다(나도 커리를 사랑한다). 잘게 썬 양배추, 당근, 양파에 커리 파우더와 다진 고수를 넣어 남부 인도 분위기를 냈다. 패티는 프라이팬에 구워 매운맛과 단맛이 어우러진 망고 처트니를 살짝 바른 토스트 위에 으깨준다. 매운맛이 가미된 요리를 좋아한다면 곱게 다진 신선한 할라피뇨를 다른 재료와 섞은 감자에 소량 추가한다.

버블 & 스퀴크

양배추 1/4개, 1cm 두께로 채 썰어 준비
중간 크기 당근 2개, 지름 1.25cm 원형으로 슬라이스해 준비
붉은 양파 1/2개, 얇게 채 썰어 준비
엑스트라버진 올리브오일 2큰술
커리 파우더 1작은술
굵은 코셔 소금 2와 1/4작은술
중간 크기 감자 2개 (유콘 골드 또는 빈취Bintje 감자), 껍질을
    벗기고 1.25cm로 썰어 준비
강황가루 1작은술
우유 60ml
무염 버터 3큰술 (45g), 부드러운 상태로
곱게 다진 신선한 고수 2큰술

---

1. 버블 & 스퀴크 만들기: 오븐을 200℃로 예열한다. 볼에 양배추, 당근, 양파, 오일, 커리 파우더, 소금 1/2작은술을 넣고 뒤적인다. 뒤적인 채소를 베이킹판에 옮긴다. 양배추와 양파가 갈색이 되고 당근이 부드럽게 익을 때까지 25-30분 정도 굽는다. 중간에 한 번 뒤적여준다.

2. 채소를 굽는 동안 중형 소스팬에 감자와 소금 1작은술을 섞고 물을 자작하게 붓는다. 한소끔 끓인 후 강황을 넣어 감자가 익을 때까지 10-12분 정도 삶는다. 물을 따라 버린다.

토스트

2cm 두께로 썬 시골풍의 빵 4장
빵에 사용할 포도씨유
빵에 뿌릴 굵은 코셔 소금
스파이시 망고 처트니 4큰술

---

3. 소스팬에 우유를 붓고 중-강불에 뭉근하게 끓인다. 거품이 생기기 시작하면 감자를 넣고 불에서 내린다. 감자 으깨기 또는 포크를 사용해 감자를 으깬 후 버터 2큰술(30g)과 남은 소금을 넣고 버터가 완전히 섞일 때까지 저으며 으깬다. 구운 채소와 고수를 넣고 섞는다.

4. 재료와 섞은 감자를 납작하게 눌러 4개의 패티로 만든다. 대형 논스틱 프라이팬을 중-강불에 올리고 남은 버터 1큰술을 녹이다 감자 패티를 넣고 양면이 갈색이 될 때까지 총 3-4분 정도 굽는다.

5. 토스트 만들기: 7-8페이지의 설명에 따라 빵을 굽는다. 빵 위에 망고 처트니 1큰술을 바르고 감자 패티를 올려 살짝 눌러 완성한다.

세가지 치즈를 넣은 시금치 아티초크 토스트

THREE·CHEESE SPINACH ARTICHOKE TOAST

4인분

확신하건대 겨울 휴가 시즌이 오면 아티초크 딥을 내놓는 파티에 적어도 한 번은 참석하게 될 것이다. 톡 쏘는 맛이 강조된 이 레시피는 아티초크와 시금치뿐만 아니라 하우다, 체더, 파르미지아노 레지아노 치즈로 꽉 들어차 있다. 일반적으로 아티초크 딥은 빵과 함께 내놓는다. 게스트가 먹기 쉽게 빵과 딥을 하나로 합쳐 바로 먹을 수 있는 형식으로 내놓는 것도 좋은 방법이다.

시금치 아티초크 딥

엑스트라버진 올리브오일 1큰술
곱게 다진 붉은 양파 1/2개
굵은 코셔 소금 1/2작은술, 한 꼬집 여분
사우어 크림 120ml
마요네즈 4큰술
간 하우다 치즈 85g
간 (마일드한) 체더 치즈 85g
곱게 간 파르미지아노 레지아노 치즈 115g
곱게 간 레몬 제스트 1개 분량
마늘 파우더 1/2작은술
절인 아티초크 봉우리 3개, 큼직하게 썰어 준비
큼직하게 썬 어린잎 시금치 115g

토스트

2cm 두께로 썬 시골풍의 빵 4장
빵에 사용할 엑스트라버진 올리브오일
빵에 뿌릴 굵은 코셔 소금
곱게 다진 신선한 차이브 1큰술

1. **시금치 아티초크 딥 만들기:** 오븐을 190℃로 예열한다.

2. 중형 프라이팬을 중-강불에 올리고 올리브오일을 데운다. 양파와 소금 한 꼬집을 넣고 한 번씩 저어주면서 갈색이 될 때까지 3-4분 정도 익힌다.

3. 양파를 중형 볼에 옮기고 사우어 크림, 마요네즈, 하우다, 체더, 파르미지아노 레지아노 치즈 2큰술(30g), 레몬 제스트, 마늘 파우더, 남은 소금 1/2작은술을 넣어 섞는다. 여기에 아티초크와 시금치를 넣고 이렇게 만든 딥을 소형 베이킹팬에 옮긴다(딥의 높이가 2.5-4cm 정도 되도록 한다). 그 위에 남은 파르미지아노 레지아노 치즈를 뿌리고 재료에 기포가 생겨 올라오고 갈색으로 변할 때까지 20분 정도 굽는다. 오븐에서 꺼내 20분 정도 식힌다.

4. **토스트 만들기:** 7-8페이지의 설명에 따라 빵을 굽는다. 빵 위에 아티초크를 올리고 차이브를 뿌려 완성한다.

페타 크림 위에 구운 토마토를 올린 토스트

ROASTED TOMATO AND FETA CREAM TOAST

4인분

일반적으로 제철이 지난 토마토는 슬프기 그지없다. 하지만 이런 토마토를 구워주면 일련의 연금술이 일어나 토마토의 에센스는 농축되고 맛은 더 깊어지며 과즙이 넘쳐난다. 진하고 크리미한 페타 소스와 페어링을 한 이 토스트는 순수한 타락에 가깝다. 찾을 수 있는 최상품의 건조 오레가노를 구입하도록(지금 찬장에 있는 오레가노가 1년 이상 되었다면 당장 버리고 새 제품을 구입하세요). 허브를 뿌리기 전에 손가락으로 비벼 으깨주면 그 안에 에센셜 오일이 나와 신선한 맛과 생기 있는 맛을 살리는데 큰 차이를 만든다.

구운 토마토 & 페타 크림

플럼 토마토 4개, 심지를 제거하고 길게 반으로 잘라 준비
스위트 파프리카 파우더 1/2작은술
통후추 1/2작은술
굵은 코셔 소금 1/2작은술
엑스트라버진 올리브오일 1큰술
소보루 형태로 부순 페타 치즈 75g
플레인 그릭 요거트 3큰술
마요네즈 2큰술
중간 크기의 마늘 1쪽, 곱게 다져 준비
건조 오레가노 1/2작은술

토스트

2cm 두께로 썬 시골풍의 빵 4장
빵에 사용할 엑스트라버진 올리브오일, 마지막에 뿌릴 여분 준비
빵에 뿌릴 굵은 코셔 소금
플레이크 소금
통후추

1. 토마토 & 페타 크림 만들기: 오븐을 190℃로 예열한다. 베이킹팬에 유산지를 깔아 준비한다.

2. 베이킹팬에 토마토의 썰린 단면이 위로 가게 놓는다. 소형 볼에 파프리카와 소금 1/4작은술을 섞는다. 토마토 위에 오일을 뿌리고 준비한 파프리카 파우더를 뿌린다. 토마토 즙에서 거품이 올라오고 바닥은 갈색을 띠고, 과육은 부드럽게 푹 익을 때까지 50분-1시간 정도 굽는다. 오븐에서 꺼내 식혀둔다.

3. 중형 볼에 페타 치즈, 요거트, 마요네즈, 마늘, 오레가노, 남은 소금 1/4작은술을 섞는다.

4. 토스트 만들기: 7-8페이지의 설명에 따라 빵을 굽는다. 빵 위에 페타 크림을 넉넉히 한 스푼 떠 올리고 토마토를 얹은 후, 올리브오일을 뿌리고 플레이크 소금과 후추를 살짝 뿌려 완성한다.

패티 멜트 토스트

PATTY MELT TOAST

4인분

셰프들이 패티 멜트와 사랑에 빠진 것 같다. 미국 다이너 기준으로 볼 때 패티 멜트는 뜨겁게 달군 그리들에 버터를 녹이고 구운 호밀빵 사이에 캐러멜화한 양파와 녹인 스위스 치즈를 넣은 버거이다. 이 레시피에서 패티 멜트는 토스트-사실 오픈 버거에 더 가깝다-로 재탄생한다.

볶은 후 곱게 간 캐러웨이 씨 또한 패티의 맛을 한 단계 업그레이드시켜준다. 시간이 없다면 굽는 단계는 생략해도 되지만 1-2분만 투자해 마른 프라이팬을 중불에 올리고 씨를 볶아주면 정말 그 맛의 차이를 느낄 수 있다.

소고기 & 양파	토스트
우스터 소스 1큰술	2cm 두께로 썬 호밀빵 4장
디종 머스터드 2작은술	빵에 바를 마요네즈 3큰술
굵은 코셔 소금 2와1/4작은술	빵에 뿌릴 굵은 코셔 소금
캐러웨이 씨 1작은술, 볶은 후 곱게 갈아 준비	간 그뤼에르 또는 스위스 치즈 110g (또는 치즈 8장)
통후추 1/2작은술	
마늘 파우더 1/4작은술	
등심 다짐육 455g	
무염 버터 30g	
중간 크기 양파 1개, 반으로 잘라 얇게 슬라이스해서 준비	

1. **소고기 & 양파 만들기:** 중형 볼에 우스터 소스, 겨자, 소금 1과 1/4작은술, 캐러웨이 씨, 후추, 마늘 파우더를 섞는다. 등심을 넣어 잘 섞어준다. 고기를 4등분하여 1.25cm 두께의 패티를 만든다.

2. 대형 프라이팬을 중-강불에 올리고 버터를 녹인다. 양파와 남은 소금 1작은술을 넣고 잘 저어주면서 양파가 갈색이 되고 잘 익을 때까지 6-8분 볶는다. 작은 접시에 옮겨둔다.

3. 프라이팬에 패티를 올리고 양면이 갈색이 되고 미디엄 레어로 익을 때까지 총 5-6분 정도 구워준다.

4. **토스트 만들기:** 빵 한 면에 마요네즈를 바르고 소금을 뿌린다. 7-8페이지의 설명에 따라 브로일링하거나 팬프라이한다(팬프라이를 할 경우 빵을 넣기 전에 버터를 녹이거나 오일을 두를 필요 없음. 빵에 바른 마요네즈만으로도 충분히 노릇하게 구울 수 있음). 빵 위에 패티를 놓고 그 위에 치즈를 올린다. 브로일러를 강으로 예열하고 치즈가 녹아 갈색이 될 때까지 2-3분 정도 굽는다. 볶은 양파를 엉킨 상태로 올려 완성한다.

로스트 비프, 레물라드, 프라이드 어니언 스뫼레브뢰드

ROAST BEEF, RÉMOULADE, AND FRIED ONIONS SMØRREBRØD

4인분(여분의 레물라드 포함)

뜨거우면서 차갑고, 바삭하면서 크리미하고, 톡 쏘면서 진하고. 바로 로스트 비프와 레물라드 토스트에 바삭하게 튀긴 양파를 올린 클래식 스뫼레브뢰드의 이중성이다. 레물라드는 미국의 타르타르 소스와 비슷한데 노란빛은 소량의 강황이나 커리 파우더에서 온다. 이 레시피에서는 맛의 중립성을 조금 더 유지하기 위해서 강황을 사용하지만 인도의 맛을 원한다면 커리 파우더로 대체해도 좋다.

레물라드

마요네즈 120ml
곱게 다진 중간 크기 파 1줄기
홀 그레인 머스터드 1큰술
신선한 레몬즙 1큰술
곱게 다진 이탈리안 파슬리 1큰술
물을 빼고 헹군 후 다진 케이퍼 1큰술
다진 피클 1큰술
강황 또는 커리 가루 1/4작은술
굵은 코셔 소금 1/4작은술

토스트

2cm 두께로 썬 호밀 또는 펌퍼니클 호밀빵 4장
빵에 사용할 엑스트라버진 올리브오일
굵은 코셔 소금 1/4작은술, 한 꼬집 여분
카놀라유 또는 유채씨유 950ml-1.4L
다목적용 밀가루 4큰술
통후추 1/4작은술
큰 양파 1개, 0.5cm 두께 가로로 썰어 링 모양으로 분리해 준비
로스트 비프 12장
큼직하게 다진 이탈리안 파슬리

1. **레물라드 만들기**: 소형 볼에 마요네즈, 파, 머스터드, 레몬즙, 파슬리, 케이퍼, 피클, 강황, 소금을 넣고 섞는다. 뚜껑을 덮어 냉장고에 넣어둔다.

2. **토스트 만들기**: 7-8페이지의 설명에 따라 빵을 굽는다.

3. 중형 소스팬에 카놀라유가 5-7.5cm 정도 높이로 올라오도록 넉넉히 붓고 180℃까지 가열한다. 중형 볼에 밀가루, 소금 1/4작은술, 후추를 섞는다. 여기에 양파 링을 넣고 살살 뒤적여 옷을 입힌다. 양파의 양을 나누어 한 번에 한 줌씩 튀기고, 젓가락이나 흘림국자를 이용해 한 번씩 뒤집어주며 노릇하고 바삭해질 때까지 4-5분 정도 튀긴다. 한 번 튀기고 나면 기름이 다시 180℃까지 올라갈 때까지 기다렸다가 다음 분량을 튀긴다. 흘림국자 또는 면국자를 사용해 양파를 키친타월을 덮은 접시에 올리고 소금으로 간한다.

4. 빵 위에 로스트 비프를 3장씩 올리고 레물라드 한두 스푼을 올린 후 튀긴 양파를 수북이 올린다. 파슬리를 뿌려낸다.

크랜베리 업사이드다운 토스트

CRANBERRY UPSIDE·DOWN TOAST

4인분

프렌치 토스트이기도 하고 업사이드다운 케이크이기도 한 이 토스트는 완전한 타락이며 주방에 떠돌고 있는 하루 지난 빵을 해결하기에 안성맞춤인 레시피이다. 토핑으로는 거의 모든 과일을 사용할 수 있다. 휴가 시즌이라면 시큼한 크랜베리가 좋고 아니라면 파인애플, 사과, 배, 마르멜로(유럽모과) 등도 훌륭하다.

2cm 두께로 썬 하루 된 시골풍의 빵, 브리오슈 또는 할라빵 6장
무염 버터 115g, 부드러운 상태로 준비, 빵에 바를 여분 분비
황설탕 150g
반으로 가른 피칸 65g
신선한 또는 냉동 크랜베리 150g

생크림 120ml
달걀노른자 2개
그래뉼러당 1큰술
바닐라 익스트랙 1작은술
굵은 코셔 소금 1/8작은술

---

1. 빵 슬라이스가 너무 길어서 23cm 케이크팬이나 베이킹팬에 들어가지 않을 경우 비스듬히 반으로 썰어준다(사용하는 빵의 종류에 따라 판단).

2. 브로일러를 강으로 예열한다. 7페이지의 설명에 따라 브로일러에 빵을 구워 놓는다.

3. 오븐을 190℃로 예열한다.

4. 소형 볼에 버터와 흑설탕을 넣고 덩어리가 지지 않는 크리미한 상태가 될 때까지 저어준다. 지름이 23cm되는 케이크팬 또는 사각형의 베이킹팬에 설탕을 섞은 버터를 바른다. 둥근 표면이 아래로 가게 피칸을 놓고 그 위에 크랜베리를 올린다.

5. 납작한 볼에 크림, 달걀노른자, 그래뉼러당, 바닐라 익스트랙, 소금을 넣고 섞는다. 여기에 구운 빵을 담그어 양면에 잘 흡수시킨다. 케이크팬에 빵을 평평하게 깔아 베이스를 만든다. 남은 크림을 빵 위에 덮는다. 빵 표면의 가장자리가 바삭해지고, 표면 전체가 건조해지고, 크랜베리가 터지기 시작할 때까지 20-25분 정도 굽는다.

6. 오븐에서 팬을 꺼내고 5분 정도 식힌 후 큰 접시에 뒤집어 꺼낸다. 빵을 조각으로 잘라 접시에 낸다.

허니 크림을 더한 레몬그래스 키위 토스트

LEMONGRASS KIWI TOAST
WITH HONEY CREAM

4인분

암울한 색의 겨울을 지낼 때면 키위의 신선함과 푸릇푸릇함은 광선 요법과 같다. 손쉽게 만들 수 있는 레몬그래스 시럽(태운 설탕&코코넛 아이스크림 토스트, 113페이지 참조)은 키위의 선명함을 한층 더 끌어 올린다. 나는 특히 꿀을 넣어 단맛을 낸 휘핑 크림에 그릭 요거트로 시큼한 맛을 살짝 가미해 전체적인 맛을 살려 디저트로 먹는 것을 좋아한다. 아침식사용이라면 휘핑 크림은 과감히 제외하고 요거트나 크렘 프레슈로 대체해 꿀을 조금 뿌린 후 볶은 포피 시드 대신에 그래놀라를 토핑으로 올린다.

키위	토스트
키위 4개, 껍질을 벗기고 작게 썰어 준비	2cm 두께로 썬 시골풍의 빵 4장
레몬그래스 시럽 1큰술, 1작은술 여분 준비 (113페이지 참조)	빵에 바를 무염 버터, 부드러운 상태로
	생크림 80ml
	꿀 2큰술
	플레인 그릭 요거트 80ml
	포피 시드 2작은술

1. **키위 만들기:** 소형 볼에 키위와 레몬그래스 시럽을 섞어둔다.

2. **토스트 만들기:** 7-8페이지의 설명에 따라 빵을 굽고 살짝 식혀둔다.

3. 거품기 또는 거품기가 달린 믹서(또는 핸드 믹서)를 사용해 너무 단단하지 않게 생크림을 거품낸다. 꿀을 넣어 섞은 후 요거트를 넣고 다시 거품을 낸다.

4. 소형 프라이팬을 중불에 올리고 포피 시드가 고소한 맛이 날 때까지 30초-1분 정도 볶는다. 소형 볼에 옮겨둔다.

5. 빵 위에 키위를 올린다. 그 위에 허니 크림을 한 스푼 덮고 포피 시드를 뿌려 완성한다.

게스트 셰프 레시피:
스파이시 랍스터 발차오 토스트
SPICY LOBSTER BALCHAO TOAST

샌프란시스코 | 4인분

발차오Balchao는 인도 서부해안도시 고아Goa에서 내려오는 포르투갈식 레시피이다. 보통 화이트 와인 비니거, 칠리, 토마토처럼 탐험가들이나 식민지를 통해 인도에 전해진 신세계 재료를 사용한다. 샌프란시스코에 위치한 레스토랑 아메리칸 마살라American Masala의 셰프인 수비르 사란은 칠리로 양념해 프라이팬에 재빨리 구운 랍스터 꼬리를 발차오 소스에 넣어 섬세한 킥을 만들어 내는데, 이런 이유로 나의 특별한 날 메뉴에도 아름답게 한 자리를 차지하게 되었다. 매운맛이 꽤 강하기 때문에 예민한 미각을 가진 분들은 주의를 요합니다!

발차오

랍스터 꼬리 2개 (455g 딱지가 있는 상태로) 길게 반으로 잘라 준비
레몬 또는 라임즙 1/2개 분량
굵은 코셔 소금 2작은술
카옌 페퍼 1/4작은술
카놀라유 (또는 유채씨유) 1과 1/2큰술
신선한 커리 잎 6장, 큼직하게 찢어 준비 (선택사항)
건고추 3개
커민 씨 3/4작은술
신선한 청양고추 2개 (세라노 또는 태국 고추), 곱게 다져 준비 (덜 맵게 하려면 씨를 제거한다)
붉은 양파 1개, 곱게 다져 준비
설탕 1과 1/2작은술
화이트 와인 비니거 1과 1/2작은술
다진 토마토 통조림 180ml
생크림 2큰술
무염 버터 1큰술 (15g)

1. **발차오 만들기:** 랍스터 꼬리를 큰 접시 위에 놓는다. 소형 볼에 레몬즙, 소금 1작은술, 카옌 페퍼를 섞는다. 이렇게 섞은 양념을 칼집을 낸 랍스터 꼬리 부분에 떠 넣는다. 소스를 만들 동안 냉장고에 넣어둔다.

토스트

2cm 두께로 썬 빵 (브리오슈 선호) 4장
빵에 바를 무염 버터, 부드러운 상태로

2. 반 가른 4개의 랍스터 꼬리가 한 층으로 들어갈 수 있는 너비의 중형 소스팬을 중-강불에 올리고 오일, 커리 잎, 건고추, 커민 씨를 넣어 커민 씨가 갈색이 될 때까지 2분 정도 볶는다. 여기에 청양고추를 넣고 1분 정도 후 갈색으로 변하기 시작하면 양파와 남은 소금 1작은술을 넣는다. 잘 섞으면서 양파가 갈색이 되고 끈적해질 때까지 7-10 정도 볶는다. (양파가 냄비에 눌어붙기 시작하면 물을 몇 스푼 뿌려 갈색으로 된 부분을 긁어준다.) 여기에 설탕, 비니거를 넣고 1분 정도 익힌 후 토마토를 넣고 소스가 잼 상태가 될 때까지 4분 정도 졸인다.

3. 랍스터 꼬리에 칼집을 넣은 면이 아래로 가게 소스에 넣고 살이 불투명해질 때까지 5-6분 정도 익힌다. 랍스터를 접시에 옮기고 딱지에서 살을 발라낸다. 소스에 크림과 버터를 넣고 랍스터 살을 팬에 다시 넣는다. 1-2분 정도 약하게 랍스터를 데운 후 불에서 내린다.

4. **토스트 만들기:** 7-8페이지의 설명에 따라 빵을 굽는다. 빵 위에 랍스터를 한 조각씩 올리고 소스를 올려 완성한다.

게스트 셰프 레시피:
소고기 다짐육을 올린 토스트
BEEF MINCE ON TOAST

런던 | 4인분

런던에 위치한 레스토랑 세인트 존St. John을 통해 퍼거스 핸더슨은 전 세계 셰프들에게 엄청난 영향을 미치며 신장, 우설, 발굽, 분비선과 같은 내장부위의 인기를 다시 불러 일으켰다. 이 레시피에서 그는 고기를 구울 때 나오는 기름과 육즙에 빵을 담그고 그 위에 당근, 리크, 양파와 함께 천천히 조리한 소고기 다짐육을 올린다. 완두콩을 넣지 않으면 미식가들 사이에 소동이 일지도 모르겠다고 말하면서도 그는 완두콩을 과감히 생략한다. 과감함은 거기에서 끝나지 않는다. 그는 다짐육에 와인을 추가한다.

소고기 다짐육

엑스트라버진 올리브오일 1큰술
중간 크기 양파 1개, 반으로 자르고 얇게 슬라이스해서 준비
중간 크기 리크 1대, 흰 부분과 옅은 녹색 부분만 사용, 길이로 반을 자르고 편으로 얇게 슬라이스해서 준비
중간 크기 당근 1개, 길이로 반을 자르고 편으로 얇게 슬라이스 해서 준비
마늘 4쪽, 곱게 다져 준비
어깨살 다짐육 910g (지방20%)
홀 플럼 토마토 2캔 또는 다진 토마토 캔 60ml
압착 귀리 30g
우스터 소스 2큰술
드라이한 레드 와인 355ml
치킨 스톡 또는 육수 60-120ml (선택사항)
고급 바다 소금 1작은술
통후추 1/2작은술

1. **소고기 다짐육 만들기:** 대형 프라이팬을 중-강불에 올리고 오일을 넣어 2분 정도 예열한다. 중불로 줄이고 양파, 리크, 당근, 마늘을 넣고 양파가 익을 때까지 5-6분 정도 잘 볶는다. 소고기를 팬에 눌러 넣고 야채와 잘 섞으며 고기 덩어리를 잘게 부순다. 소고기의 분홍빛이 사라질 때까지 8-10분 정도 달달 볶는다.

토스트

2cm 두께로 썬 식빵 또는 통밀빵 4장
고기에서 흘러나온 기름 또는 굽는 과정에서 나온 소스 (또는 상온에 둔 버터 조금) 4큰술
곱게 다진 이탈리안 파슬리 (선택사항)

홀 토마토를 손으로 으깨 프라이팬에 넣는다. 잘 저으면서 귀리를 넣은 후 우스터 소스 그리고 와인을 순서대로 넣는다. 소스는 덩어리지지 않고 되직해야 한다(마치 용암처럼). 소스가 너무 된 경우 치킨 스톡을 넣어 용암 정도의 식감을 만든다.
여기에 소금, 후추를 넣고 약불로 줄인 후 한 번씩 저어주며 끓이고, 팬이 너무 건조해지면 스톡을 추가한다. 소스가 진하고 크리미한 상태가 되고, 고기에서 나온 지방이 분리되어 고기 표면에 반짝일 때까지 1.5-2시간 정도 뭉근하게 끓인다.

2. **토스트 만들기:** 7-8페이지의 설명에 따라 빵을 굽는다. 브로일링 방식을 사용한다면 브로일러를 켜둔다. 그렇지 않으면 오븐의 그릴 선반을 위에서 세번째 칸에 위치시킨 후 브로일러를 강으로 예열한다. 빵 위에 소고기에서 나온 기름을 바르고 호일을 깐 베이킹팬에 올린 후 기포가 올라올 때까지 1-2분 정도 굽는다. 토스트 위에 고기를 올리고 기호에 따라 파슬리를 뿌려서 완성한다.

봄의 토스트

파르미지아노 버터, 달걀 프라이, 아스파라거스를 올린 토스트

PARM BUTTER, FRIED EGG, AND
ASPARAGUS TOAST

4인분

소량의 파르미지아노 레지아노 치즈와 마늘 파우더를 섞은 버터라면, 이 아침식사용 토스트에(아침 메뉴이기는 하지만 저녁식사로 먹어도 손색이 없다.) 배팅을 해도 좋다. 나는 연필처럼 얇은 아스파라거스보다는 굵은 것을 선호하는데, 그래야 구웠을 때 안쪽 부분이 실크처럼 부드러워지기 때문이다. 얇은 아스파라거스밖에 구할 수 없다면 구웠을 때 자칫 질겨질 수 있으니 뜨겁게 달군 프라이팬에 올리브오일을 두르고 팬을 흔들어 가며 소금과 후추를 넣고 2-3분 정도 살살 뒤적이면 준비 완료이다.

파르미지아노 레지아노 버터	토스트
무염 버터 45g, 부드러운 상태로 곱게 간 파르미지아노 레지아노 치즈 60g 마늘 파우더 3/4작은술 굵은 코셔 소금 1/4작은술	아스파라거스 12줄기, 딱딱한 밑동은 제거하고 비스듬하게 반으로 잘라 준비 엑스트라버진 올리브오일 1큰술 굵은 코셔 소금 통후추 2cm 두께로 썬 시골풍의 이탈리아 빵 4장 무염 버터 15g 달걀 4개 레드 페퍼 플레이크 플레이크 소금

---

1. **파르미지아노 레지아노 버터 만들기:** 소형 볼에 버터, 파르미지아노 레지아노 치즈, 마늘 파우더, 소금을 넣고 페이스트 상태가 될 때까지 잘 섞는다.

2. **토스트 만들기:** 오븐 안에 그릴 선반을 위에서 세번째 칸으로 고정하고 브로일러는 강으로 예열한다. 베이킹팬에 호일을 깐다.

3. 아스파라거스를 베이킹팬에 올리고 오일을 뿌린 후 소금과 후추를 뿌린다. 팬을 살짝 흔들어 간이 고루 배게 한 후 익을 때까지 6-8분 정도 조리한다. 골고루 익도록 중간에 팬을 한 번 흔들어준다.

4. 빵에 치즈 버터를 바른다. 7-8페이지의 브로일러 또는 토스터 미니 오븐 방식에 따라 빵을 굽는다. 빵 위에 아스파라거스를 올린다.

5. 대형 논스틱 프라이팬을 중-강불에 올리고 버터를 녹인다. 그 위에 달걀을 깨트려 흰자는 모양이 흐트러지지 않게 익고, 노른자는 반숙 상태를 유지할 때까지 3-4분 정도 굽는다. 달걀을 아스파라거스 위에 올린다. 레드 페퍼 플레이크와 플레이크 소금을 한 꼬집 뿌리고 후추를 한두 번 갈아 올려 마무리한다.

램프 페스토에 부라타와 페파듀 파프리카를 올린 토스트

RAMP PESTO ON TOAST WITH BURRATA
AND PEPPADEWS

4인분(여분의 페스토 포함)

마늘 맛이 도는 봄철 램프(야생 리크)를 사용하면 유별나게 맛있는 페스토를 만들 수 있다. 뉴욕에서 셰프를 하고 있는 친구 매트 바인가르텐에게 배운 아이디어이다. 이 레시피에는 고전적인 페스토 2인조라 할 수 있는 잣과 바질 조합 대신에 살짝 구운 피스타치오와 전자레인지에 말린 민트를 사용한다. 전자레인지에 허브를 건조하면 오븐에 건조하는 것보다 신선한 맛과 풍부한 에센스를 보존할 수 있다. 이 페스토의 경우 민트 맛은 미묘하고 우아하다. 냉장고에 이 페스토 한 병을 넣어두면 그 어떤 '평범한' 음식도 매우 특별하게 변신시킬 수 있다. 스크램블드 에그, 파스타, 간단한 로스트 비프 샌드위치에 이르기까지 말이다. 만약 램프 철이 지났다면 파 225g으로 대체해도 좋다.

램프 페스토

신선한 민트 잎 30장
껍질을 벗긴 피스타치오 60g
램프 170g 녹색 잎 부분을 하얀 줄기로부터 분리하고, 뿌리는
　제거해서 준비
곱게 간 페코리노 로마노 치즈120g
곱게 간 레몬 제스트 1개 분량
굵은 코셔 소금 1작은술, 여분 준비
엑스트라버진 올리브오일 120ml
레몬 1/2개

토스트

2cm 두께로 썬 시골풍의 빵 4장
엑스트라버진 올리브오일, 빵과 마무리에 필요한 여분 준비
플레이크 소금
페파듀 파프리카, 얇게 슬라이스해서 준비
부라타 치즈 225g

---

1. **램프 페스토 만들기:** 오븐을 180℃로 예열한다. 베이킹팬에 피스타치오를 펼치고 표면에 윤기가 날 때까지 4-6분 정도 굽는다. 오븐에서 꺼내고 중간 크기의 접시에 덜어 식힌다. 피스타치오를 굽는 동안 민트 잎을 접시에 한 겹으로 펼치고 전자레인지에 넣은 후 바삭하게 건조해질 때까지 30초-1분 정도, 15초 간격으로 가열한다. 식혀둔다.

2. 램프와 페코리노 치즈, 전자레인지에서 말린 민트, 레몬 제스트, 소금, 피스타치오를 푸드 프로세서에 넣고 버튼을 한 번씩 눌러가며 굵게 다진다. 모터가 계속 작동하는 동안 덩어리가 없

이 잘 개인 상태가 될 때까지 올리브오일을 조금씩 넣는다. 레몬즙을 짜 넣고 필요에 따라 소금을 더 넣는다.

3. **토스트 만들기:** 7-8페이지의 설명에 따라 빵을 굽는다. 빵 위에 램프 페스토를 두껍게 바르고 페파듀 파프리카를 몇 개 올린 후 부라타 치즈를 조금 올린다. 올리브오일을 더 뿌리고 플레이크 소금을 뿌려 완성한다.

커민을 넣어 구운 당근과 무하마라를 올린 토스트

CUMIN-ROASTED CARROTS AND
MUHAMMARA TOAST

4인분(여분의 무하마라 포함)

이 토스트는 셰프 댄 클루거의 토스트에 보내는 나의 오마주이다(87페이지에 그의 토스트 참조). 커민에 구운 당근과 아보카도 샐러드를 올린 그의 토스트는 뉴욕을 단번에 휩쓸었다. 이 레시피에서는 당근에 커민과 꿀을 넣어 굽고 석류 당밀의 달콤새콤한 맛을 가미해 만든 톡 쏘는 호두 스프레드인 무하마라 위에 올린다. 남은 무하마라는 채소나 칩스를 찍어먹는 딥으로 그만이다.

당근 & 무하마라

중간 크기 당근 6개, 길게 반으로 잘라 준비
엑스트라버진 올리브오일 3큰술
꿀 1큰술
커민 파우더 1작은술
굵은 코셔 소금 1과 1/2작은술
붉은 피망 큰 것 2개
마늘 1쪽, 껍질 채로 준비
구운 호두 100g
석류 당밀 또는 즙 1과 1/2큰술
스모크 파프리카 또는 핫 파프리카 파우더 1/4작은술
통후추 1/4작은술

토스트

2cm 두께로 썬 참깨를 넣은 빵 4장
빵에 사용할 엑스트라버진 올리브오일
플레이크 소금
레몬 1/2개
꿀
소금으로 간을 해 구운 해바라기 씨 2큰술
곱게 다진 신선한 민트 잎 2큰술

1. **당근 만들기:** 오븐의 그릴 선반을 위에서 세번째 칸에 놓고 200℃로 예열한다. 베이킹팬에 호일을 깔아 준비한다.

2. 베이킹팬에 당근을 놓고 올리브오일 2큰술과 꿀을 뿌린다. 커민 파우더와 소금 1/2작은술을 뿌리고 손으로 당근에 향신료를 골고루 발라준다. 15분 동안 굽는다. 베이킹팬을 흔들어주고 당근이 갈색을 띠고 부드러워질 때까지 10-15분 정도 더 굽는다. 오븐에서 꺼내둔다.

3. **무하마라 만들기:** 브로일러를 강으로 예열한다. 호일을 깐 베이킹팬에 피망과 마늘을 놓고 열선에 가장 가까운 칸에 넣은 후 한 번씩 뒤적여주며 피망 겉면이 모두 까맣게 그을릴 때까지 그리고 마늘이 갈색이 될 때까지 12-15분 정도 굽는다. 채소를

중형 볼에 옮기고 뚜껑을 잘 덮어 남은 열로 20분 정도 찐다.

4. 피망이 손으로 만질 수 있는 정도로 식으면 껍질을 벗기고 안에 심지와 씨를 제거한다. 마늘 껍질을 벗기고 피망과 함께 푸드 프로세서에 넣는다. 호두, 석류 당밀, 남은 올리브오일 1큰술, 남은 소금 1작은술, 파프리카 파우더, 후추를 함께 넣는다. 굵은 덩어리가 지도록 섞일 때까지 1초씩 5-6번 정도 갈아준다.

5. **토스트 만들기:** 7페이지의 설명에 따라 빵을 굽는다. 빵 위에 무하마라 몇 스푼을 넉넉히 올리고 당근을 몇 개 올린다. 레몬즙과 플레이크 소금 한 꼬집을 올리고 꿀을 뿌린다. 해바라기 씨와 민트를 뿌려 완성한다.

스위트 슈림프와 으깬 잠두콩 토스트

SWEET SHRIMP AND FAVA SMASH TOAST

4인분

단맛이 오른, 강렬하게 파릇파릇한 잠두콩은 완벽한 봄의 정수라 할 수 있다. 물론 꼬투리에서 콩을 털고 껍질을 벗기는 일이 다소 번거롭지만 사실 인생에서 가장 좋은 것들은 약간의 노동을 요하는 법이다. 으깬 콩의 단맛은 버터에 삶은 달콤한 새우와 감초 향이 스민 타라곤에 의해 한 번 더 강조된다. 타라곤 대신 신선한 민트를 사용해도 동일하게 아름다운 맛을 낼 수 있다. 간단한 조리를 원한다면 꼬투리에서 콩을 털 필요 없는 냉동 또는 신선한 완두콩으로 시도해 보시길.

타라곤 버터 & 잠두콩

무염 버터 60g, 부드러운 상태로 준비
곱게 다진 신선한 타라곤 잎 1큰술
굵은 코셔 소금 1과 3/4작은술, 한 꼬집 여분
꼬투리를 제거한 잠두콩 225g (꼬투리를 포함한 무게는 대략 910g-1.1kg)
엑스트라버진 올리브오일 1과 1/2 큰술
양파 (비달리아 품종 같은 단맛이 강한) 1/2개, 곱게 다져 준비
생크림 2큰술

토스트

무염 버터 15g
킹 새우 225g, 딱지를 제거하고 내장을 손질한 후 길게 반으로 잘라 준비
굵은 코셔 소금
레몬즙 1/2개 분량
2cm 두께로 썬 시골풍의 빵 4장
플레이크 소금
크레송 또는 어린잎 시금치 한 줌

1. **타라곤 버터 만들기:** 소형 볼에 버터, 타라곤 소금 한 꼬집을 넣고 섞어둔다.

2. **잠두콩 만들기:** 소형 볼에 얼음물을 채워둔다. 소형 소스팬에 물을 끓인다. 소금 1작은술과 잠두콩을 넣고 1분 정도 데친다. 물을 따라내고 콩을 얼음물에 넣는다. 콩이 식으면 엄지와 다른 손가락을 사용해 꼬집듯이 콩 껍질을 벗긴다. 껍질을 벗긴 콩을 소형 볼에 넣는다. (완두콩을 사용할 경우 이 단계 전체를 생략한다.)

3. 중형 프라이팬을 중불에 올린 후 올리브오일을 가열한다. 양파와 소금 1/2작은술을 넣고 양파가 익을 때까지 잘 섞어주며 5-6분 정도 볶는다. 여기에 잠두콩을 넣고 익을 때까지 3-5분 정도 볶는다. 푸드 프로세서에 볶은 콩과 양파를 넣고 크림, 타라곤 버터 1큰술, 남은 소금 1/4작은술을 넣은 후 곱게 간다.

4. **토스트 만들기:** 중형 프라이팬을 중불에 올린 후 버터를 녹인다. 새우를 넣고 녹은 버터를 새우 위에 적셔주며 새우가 둥글게 말릴 때까지 1분 정도 익힌다. 새우를 뒤집고 반대 면이 다 익을 때까지 1분 정도 더 굽는다. 중형 볼에 넣고 레몬즙과 함께 살살 뒤적인다.

5. 남은 타라곤 버터를 빵에 바른 후 플레이크 소금을 뿌린다. 7-8페이지의 설명에 따라 브로일러, 바비큐 그릴 또는 오븐 토스터 방식으로 빵을 굽는다. 빵 위에 으깬 잠두콩을 넉넉히 올리고 크레송을 넣고 뒤적인 새우를 위에 올린다. 플레이크 소금을 뿌려 완성한다.

피클피클한 에그 샐러드 토스트

PICKLE·Y EGG SALAD TOAST

4인분

피클 절임물 한 방울은 나의 에그 샐러드에 마지막 한 입까지 중독성이 강한 감칠맛을 더하는 비법이다. 나는 에그 샐러드에 멋을 부리는 것을 선호해서 씹는 식감이 좋은 셀러리나 무, 신선한 허브, 파, 약간의 디종 머스터드, 잘게 다진 피클을 넣고 이 모든 재료를 크리미하게 커버할 수 있도록 마요네즈를 넉넉하게 넣는다. 나는 늘 다음번에 점심식사를 위해 스낵이나 토르티야를 위한 에그 샐러드를 조금 저장해둔다.

에그 샐러드

완숙 달걀 5개, 껍질을 벗기고 큼직하게 썰어 준비
마요네즈 3큰술
다진 피클 60ml, 피클 절임물 2작은술 여분
파 2줄기, 연두색, 흰색 부분만 잘게 다져 준비
곱게 다진 셀러리 1줄기
곱게 다진 부드러운 잎 샐러드 1큰술 (바질, 처빌, 딜, 파슬리 또
  는 타라곤), 장식용 여분
디종 머스터드 1/2작은술
굵은 코셔 소금 1/2작은술
통후추 1/2작은술

토스트

2cm 두께로 썬 시골풍의 빵 4장
빵에 사용할 엑스트라버진 올리브오일
빵에 뿌릴 굵은 코셔 소금
어린잎 양상추 또는 루콜라 60g

1. **에그 샐러드 만들기:** 잘게 썬 달걀을 중형 볼에 담는다. 마요네즈를 넣고 포크를 사용해 마요네즈 색이 달걀노른자 색으로 물들기 시작할 때까지 으깬다(큼직한 흰자 비율이 훨씬 많은 상태여야 함). 피클, 피클 절임물, 파, 셀러리, 허브, 머스터드, 소금, 후추를 넣고 섞는다.

2. **토스트 만들기:** 7-8페이지의 설명에 따라 빵을 굽는다. 토핑을 올리기 전에 살짝 식힌다. 샐러드 채소를 빵에 나누어 올리고 그 위에 에그 샐러드를 올린 후 허브를 뿌려 완성한다.

칠리 양고기에 하리사 아이올리를 곁들인 토스트

CHILI LAMB ON TOAST WITH HARISSA AIOLI

4인분

로스팅을 하기 위해 실로 묶은 양고기 다리 부위는 보통 휴가나 특별한 날을 위해 비축해두기 마련이다. 로스팅이 끝나고 고기의 실을 풀고 나면 놀랍게도 기름이 적고 부드러운데다가 조리하기 쉬운 구이가 준비된다. 토스트로 만들 때에는 다리 부위를 결 반대 방향으로 슬라이스하면 아름다운 고기가 완성되고 하리사 아이올리 위에 올리면 든든한 한 끼 식사가 된다. 나는 보통 브로일러에 양고기를 굽지만 바비큐 그릴에 구워도 환상적인 구이를 맛볼 수 있다.

칠리 양고기

칠리 파우더 1작은술
스위트 파프리카 파우더 1작은술
고수 파우더 3/4작은술
커민 파우더 3/4작은술
굵은 코셔 소금 1작은술
통후추 1/4작은술
뼈를 제거한 양고기 스테이크 또는 뼈를 제거한 2-2.25cm 두께로 썬 양고기 다리살 445g, 지방을 제거해서 준비 (다리살을 이용할 경우 막 제거)
꿀 1큰술
케첩 1큰술
카놀라유 1큰술

토스트

2cm 두께로 썬 시골풍의 빵 4장
빵에 사용할 엑스트라버진 올리브오일
굵은 코셔 소금
마요네즈 120ml
하리사 페이스트 1큰술
곱게 다진 신선한 차이브 또는 파 2큰술
플레이크 소금

1. **칠리 양고기 만들기:** 소형 볼에 칠리 파우더, 파프리카, 고수, 커민 파우더, 소금, 후추를 넣어 섞는다. 섞은 향신료를 양고기에 바르고 호일을 씌운 베이킹팬에 올린 후 1시간 정도 두거나 하룻밤 정도 냉장한다. 다른 소형 볼에 꿀과 케첩을 섞어둔다.

2. 그릴 선반의 위에서 세번째 칸에 놓은 후 브로일러를 강으로 예열한다. 양고기에 오일을 바르고 고기가 갈색으로 변하고 살짝 탈 때까지 6-7분 정도 굽는다. 갈색으로 익은 면에 꿀과 섞은 케첩을 바르고 지글지글 구워질 때까지 30초-1분 정도 더 굽는다. 고기를 뒤집고 반대 면을 굽는데 고기의 가장 두꺼운 부분의 온도가 61-63℃ 정도가 될 때까지 굽는다. 미디엄 레어

를 원하는 경우 4-5분 정도 더 굽는다. 남은 꿀 케첩을 표면에 바르고 지글지글 구워질 때까지 30초-1분 정도 굽는다. 고기를 오븐에서 꺼내고(브로일러는 켜둔다), 접시에 10분 정도 둔다. 고기를 도마 위에 올린 후 45도 각도로 결을 가로질러 얇게 슬라이스한다. 남은 육즙에 썬 고기를 뒤적인다.

3. **토스트 만들기:** 7-8페이지의 설명에 따라 브로일러, 바비큐 그릴 또는 미니 오븐 토스터를 이용해 빵을 굽는다. 소형 볼에 마요네즈, 하리사, 차이브를 넣고 섞는다. 빵 위에 하리사 아이올리 소스를 바르고 양고기를 위에 올린다. 플레이크 소금을 뿌려낸다.

오이 피클을 곁들인 덴마크 호밀 미트볼 토스트

DANISH RYE MEATBALL TOAST WITH
PICKLED CUCUMBERS

4인분(여분의 오이피클 & 미트볼 포함)

미트볼은 이탈리아가 유명하긴 하지만 스칸디나비아 사람들도 이탈리아 사람들 못지않게 미트볼을 사랑한다. 특히 버터를 잔뜩 바른 고급 호밀빵 위에 올려 먹는 걸 즐긴다. 이 어마어마하게 기름진 덴마크식 미트볼의 경우 신선한 호밀 빵가루, 다진 돼지고기와 소고기의 조합, 신선한 딜, 소량의 올스파이스를 넣어 호밀 맛의 풍성함을 배가시킨다. 덴마크 사람들은 일단 버터에 관해서라면 장난치는 법이 없기 때문에 찾을 수 있는 가장 고급의 버터를 구입하고 두껍게 바를 것.

오이 & 미트볼

중간 크기 오이 1개, 편으로 얇게 슬라이스해서 준비
굵은 코셔 소금 2과 1/4작은술
설탕 1/4작은술
증류초 2큰술
곱게 다진 신선한 딜 3큰술
호밀빵 1/3덩이 (나머지는 토스트 빵으로 사용), 2.5cm 육각형으로 썰어 준비
우유 60ml
달걀 1개
통후추 1/2작은술
올스파이스 파우더 1/4작은술, 수북하게
중간 크기 양파 1개, 굵게 갈아 준비
작은 파 1줄기, 곱게 다져 준비
등심 다짐육 225g (지방 10%)
돼지고기 다짐육 225g
무염 버터 30g
카놀라유 2큰술

1. **오이 만들기:** 중형 볼에 오이, 소금 1과 1/4작은술, 설탕, 식초, 딜 1큰술을 넣고 살살 뒤적인다. 잘 덮어 냉장고에 넣어둔다.

2. **미트볼 만들기:** 푸드 프로세서에 잘라둔 빵을 넣고 고운 가루로 분쇄한다. 225g을 계량해둔다. (남은 빵가루는 냉동해 다음에 사용한다.)

토스트

2cm 두께로 썬 호밀빵 4장
빵에 바를 무염 버터, 부드러운 상태로 준비 (되도록이면 유럽풍의 발효 버터)
플레이크 소금
홀 그레인 디종 머스터드

3. 대형 볼에 우유, 달걀, 후추, 올스파이스, 남은 딜 2큰술, 소금 1작은술을 넣고 거품을 낸다. 여기에 빵가루를 넣은 후 양파와 파도 넣는다. 소고기와 돼지고기를 바스러뜨려 넣고 잘 섞는다(일반 미트볼에 비해 수분이 많음.) 그리고 1과 1/2큰술을 떠 납작한 느낌이 드는 공 모양으로 너무 단단하지 않게 뭉친다. 접시에 올리고 남은 반죽도 모양을 잡는다.

4. 접시에 키친타월을 깔아둔다. 바닥이 두꺼운 대형 프라이팬을 중-강불에 올리고 버터를 녹인다. 카놀라유와 만들어 놓은 미트볼 분량 반 정도를 넣는다. 불을 약으로 줄이고 미트볼이 갈색이 될 때까지 3-4분 정도 굽는다. 미트볼을 뒤집고 반대면을 3-4분 정도 굽는다. 미트볼을 키친타월을 깔아둔 접시 위에 올리고 남은 미트볼을 굽는다.

5. **토스트 만들기:** 7-8페이지의 설명에 따라 빵을 굽는다. 구운 빵 위에 플레이크 소금을 뿌리고 머스터드를 넉넉히 바른다. 빵 위에 미트볼을 적당히 올리고 그 위에 오이 슬라이스를 올려 완성한다.

셰브르 치즈와 진득한 메이플 호두를 올린 토스트

CHÈVRE AND STICKY MAPLE WALNUT TOAST

4인분(여분의 진득한 호두 포함)

나의 친구 안젤라 밀러는 버몬트에서 콘시더 바드웰Consider Bardwell이라는 어마어마한 치즈 회사를 운영한다. 아침 공기가 여전히 차가웠던 초봄 그의 농장을 방문했는데 당시 다리우스라고 이름 지은 첫번째 아기 염소가 태어났다. 그는 작은 우유병에 어미 염소의 젖을 담아 다리우스를 먹였다. 바로 그때 나는 셰브르 치즈의 제철을 이해할 수 있었다. 아기 염소와 수유를 하기 위해 젖을 열심히 생산하는 어미 염소는 셰브르 치즈를 만들 수 있는 넉넉한 염소유가 있다는 것을 의미했다. 물론 셰브르 치즈는 일 년 내내 살 수 있지만 아기 염소 붐이 주로 봄에 일어나는 것을 고려하면 셰브르 치즈를 봄철음식으로 즐겨야 하는 사실을 이해할 수 있을 것이다.

진득한 호두

반으로 가른 호두 75g
메이플 시럽 80ml
물엿 2큰술
아니스 씨 1/4작은술
굵은 소금 한 꼬집

토스트

셰브르 치즈 115g, 상온 상태로 준비
생크림 3큰술
굵은 코셔 소금 한 꼬집
2cm 두께로 썬 견과류와 과일이 들어간 식빵 4장
빵에 바를 무염 버터, 부드러운 상태로 준비
플레이크 소금

1. **진득한 호두 만들기**: 그릴 선반을 위에서 세번째 칸에 놓고 다른 선반을 오븐 중간에 놓은 후 오븐을 200℃로 예열한다. 베이킹팬에 호두를 펼쳐 올리고 아래 놓은 선반 위에 올려 노릇해질 때까지 7-8분 정도 굽는다. 접시에 옮겨 식힌다.

2. 중형 소스팬을 중-강불에 올리고 메이플 시럽, 물엿, 아니스 씨, 소금을 넣어 뭉근하게 끓인다. 여기에 구운 호두를 넣고 약불로 줄이고 호두가 시럽을 잘 흡수할 때까지 3분 정도 뭉근하게 졸인다. 불에서 내리고 진득해진 호두를 내열볼에 옮긴다. (진득한 호두는 1주 전에 준비해 냉장해두어도 되며 토스트를 만들기 전에 전자레인지에 녹여 사용한다.)

3. **토스트 만들기**: 중형 볼에 셰브르 치즈를 넣고 포크를 사용해 으깬다. 크림 1큰술을 넣어 섞고 치즈가 덩어리 없이 부드러운 상태가 되면 남은 크림 2큰술과 소금을 섞는다.

4. 7-8페이지의 설명에 따라 빵을 굽는다. 버터를 바른 빵 위에 크림과 섞은 셰브르 치즈를 넉넉하게 올린다. 끈적한 호두를 한두 숟가락 떠올린 후 플레이크 소금을 뿌려 완성한다.

장미향을 가미한 리코타 치즈와 구운 딸기를 올린 토스트

ROASTED STRAWBERRIES WITH
ROSE-WHIPPED RICOTTA ON TOAST

4인분

딸기를 굽는다는 것이 다소 반직관적으로 보일지도 모르겠다. 게다가 단맛이 꽉 차오른 늦은 봄의 딸기는 상자에서 바로 꺼내먹어야 할 모습을 하고 있지 않은가. 하지만 이런 딸기를 뜨거운 오븐의 열기에 노출시켜주면 강렬하게 농축된, 거의 잼에 가까운 과일 폭탄을 맛볼 수 있다. 생크림과 로즈 워터 한 방울을 넣어 거품을 낸 리코타 치즈 위에 구운 딸기를 올리면 부드럽게 녹는 천상의 꽃향기가 입안 가득 번지는 맛이 완성된다.

딸기

딸기 455g, 꼭지를 제거하고 반으로 잘라 준비
설탕 2큰술

토스트

신선한 리코타 치즈 250g
생크림 60ml
설탕 1큰술
식용 로즈 워터 2작은술
2cm 두께로 썬 시골풍의 이탈리아 빵 4장
빵에 바를 무염 버터, 부드러운 상태로
굵은 코셔 소금

1. **딸기 굽기**: 오븐을 180℃로 예열한다. 베이킹팬에 유산지를 깔아 준비한다.

2. 볼에 딸기와 설탕을 넣고 살살 뒤적인다. 딸기의 자른 단면이 위로 가도록 베이킹팬에 올리고 부드러운 과즙이 나올 때까지 20분 정도 굽는다. 오븐에서 꺼내고 다시 볼에 넣어 식힌다. (딸기는 1주 전에 준비해 냉장해두어도 된다.)

3. **토스트 만들기**: 중형 볼에 리코타 치즈, 생크림, 설탕, 로즈 워터를 넣고 힘차게 섞어, 부드러운 상태가 되어 봉우리가 올라올 정도가 될 때까지 30초 정도 거품을 낸다.

4. 7-8페이지의 설명에 따라 빵을 굽는다. 토핑을 얹기 전에 빵을 살짝 식힌다. 빵 위에 리코타 크림을 올리고 딸기와 볼에 남은 즙을 그 위에 뿌려 완성한다.

아몬드 오렌지 플라워 토스트
ALMOND·ORANGE FLOWER TOAST

4인분

보스톡Bostock을 아시나요? 아몬드 오렌지 플라워 시럽에 푹 적신 브리오슈에 아몬드 크림을 올려, 겉이 갈색이 되고 아름답게 부풀어 올라올 때까지 굽는 빵이다. 아몬드 크루아상을 좋아한다면 보스톡의 매력에 푹 빠지게 된다. 오렌지 플라워 워터를 넣어 만든 시럽은 부드러운 꽃향기 톤을 살려주고, 소량의 아몬드 익스트랙과 신선하게 간 오렌지 제스트를 넣은 아몬드 크림은 진한 커스터드 같은 토핑으로 완성된다. 시럽이 조금 남을 수도 있는데 메이플 시럽에 섞어 팬케이크나 와플을 먹을 때 곁들이면 좋다.

아몬드 크림

소금 간을 하지 않은 아몬드 145g (껍질 벗긴 아몬드 선호)
설탕 70g
무염 버터 45g, 부드러운 상태로 준비
달걀 1개
곱게 간 오렌지 제스트, 1개 분량
아몬드 익스트랙 1/2작은술
굵은 코셔 소금 1/2작은술

토스트

설탕 100g
꿀 1큰술
오렌지 플라워 워터 1과 1/2작은술
2cm 두께로 썬 하루된 브리오슈 또는 할라빵
무염 버터 45g, 부드러운 상태로 준비
아몬드 슬라이스 4큰술
아이싱 슈거

---

1. **아몬드 크림 만들기:** 푸드 프로세서에 아몬드를 곱게 간다. 설탕, 버터, 달걀, 오렌지 제스트, 아몬드 익스트랙, 소금을 넣고 크림처럼 부드러운 상태가 될 때까지 분쇄한다.

2. **토스트 만들기:** 소형 소스팬에 물 120ml, 설탕, 꿀을 넣고 뭉근하게 끓인다. 설탕이 녹을 때까지 한 번씩 저어준 후 불에서 내리고 식힌다. 오렌지 플라워 워터를 넣는다.

3. 오븐을 200℃로 예열한다.

4. 빵 한 면에 버터를 바르고 붓으로 오렌지 플라워 시럽을 바른다. 스푼으로 아몬드 크림을 조금 떠서 빵에 0.5cm 두께로 바른다. 빵을 베이킹팬에 올리고 아몬드 슬라이스를 1큰술씩 뿌린 후 아몬드 토핑이 갈색이 될 때까지 12~15분 정도 굽는다. 오븐에서 꺼내 살짝 식히고 아이싱 슈거를 충분히 덮어 완성한다.

게스트 셰프 레시피:
민트를 넣은 완두콩과 셰브르 치즈를 올린 토스트
MINTY PEA AND CHÈVRE TOAST

뉴욕시티 | 4인분(여분의 민트 오일 & 민트 완두콩 포함)

댄 클루거는 맨해튼 인기 절정의 ABC키친 레스토랑에서 토스트 콘셉트의 인기를 불러온 장본인이다. 단호박과 리코타를 올린 그의 토스트는 뉴욕 푸드 신에서 가장 열정적으로 사람들의 입에 오르내리는 메뉴로, 이스트 코스트에서 토스트 트렌드에 불을 붙이고 있다. 이 레시피에서 클루거는 할라피뇨로 매운맛을 가미하고 민트를 넣은 으깬 완두콩 토스트로 봄을 재현한다. 마늘은 낮은 불에 올린 끓는 물에 여러 번 데치는데 생마늘의 강한 맛을 완화하기 위한 그만의 비법이다.

으깬 완두콩

마늘 1쪽, 껍질을 벗기고 통째로 준비
신선한 민트 잎 40g
엑스트라버진 올리브오일 240ml
굵은 코셔 소금 1큰술, 1/4작은술 여분
설탕 한 꼬집
완두콩 290g (신선한 완두콩 선호)
곱게 다진 할라피뇨 고추 1/2개 (덜 매운맛을 원할 경우 씨를 제거해서 준비)

1. **으깬 완두콩 만들기:** 소형 소스팬에 마늘을 넣고 찬물을 넣은 후 한소끔 끓인다. 물을 따라내고 다시 찬물을 넣어 한 번 더 끓인 후 물을 따라내고 한 번 더 반복한다. 마늘을 블렌더에 넣는다.

2. 중형 볼에 얼음을 넣어둔다. 소스팬에 찬물을 넣고 끓인 후 민트 잎을 넣는다. 10초 정도 민트 잎을 데치고 흘림국자를 이용해 민트 잎을 건져 찬물에 넣는다. 얼음물에서 민트 잎을 건지고(물은 그대로 둔다), 키친타월에 식힌 민트 잎을 놓고 남은 물기를 짜낸다. 민트 잎과 오일을 마늘에 넣는다. 덩어리가 지지 않게 잘 섞일 때까지 갈고 난 후, 민트 오일을 소형 볼에 따라 붓고 볼을 얼음물에 넣어 차게 식힌다. (얼음물이 오일에 들어가지 않도록 조심한다.) 이렇게 하면 민트 오일의 푸른빛을 유지할 수 있다.

토스트

1.25cm 두께로 썬 시골풍의 빵 4장
엑스트라버진 올리브오일, 마무리에 필요한 여분 준비
신선한 셰브르 치즈 115g, 부드러운 상태로 준비
곱게 간 레몬 제스트 1/2개 분량
플레이크 소금과 통후추

3. 다른 볼에 얼음물을 채워둔다. 소스팬에 찬물을 넣어 끓인다. 소금 1큰술, 설탕, 완두콩을 넣고 완두콩의 색이 연둣빛이 돌고 표면으로 떠오를 때까지(맛을 본다-전분이 많은 상태가 아니라 단맛이 나야 한다) 2분 정도 데친다. 물을 따라내고 완두콩을 얼음물에 넣어 식힌 후 건져낸 완두콩을 티타월에 올리고 남은 물기를 제거한다.

4. 완두콩 60ml를 계량해둔다. 남은 완두콩은 블렌더에 넣고 민트 오일 60ml, 할라피뇨, 남은 소금 1/4작은술을 넣는다. 거친 식감이 되도록 갈아준다. 중형 볼에 옮기고 남겨둔 완두콩과 섞는다.

5. **토스트 만들기:** 8페이지의 튀기기 방식에 따라 빵을 굽는다. 빵 위에 셰브르 치즈를 바른다. 그 위에 으깬 완두콩을 바르고 레몬 제스트, 플레이크 소금, 후추를 올리고 올리브오일을 뿌려 완성한다.

게스트 셰프 레시피:
알레포 칠리 페이스트와 양파를 곁들인 간 토스트

CHOPPED LIVER TOAST WITH ALEPPO PASTE AND CARAMELIZED ONION

런던 ㅣ 4인분(여분의 다진 간 포함)

이스라엘 스트리트 푸드와 홈메이드의 조합을 런던에서 실현하고 있는 허니 앤 코 레스토랑Honey&CO.의 오너 셰프이자 부부 셰프인 이타마르 스룰로비치와 사릿 패커는 이스라엘과 중동의 맛을 런던 피츠로비아로 옮겨 놓는다. 오토렝기 출신인 부부는 곱게 다져 알레포 칠리 페이스트와 커민으로 양념한 닭 간을 올린 토스트를 소개한다. 동유럽과 북아프리카를 섞어놓은 듯한 느낌이 강한 이 토스트는 처음부터 끝까지 전통 유대교식 델리 스타일의 맛을 놓치지 않는다. 한 무리의 사람을 먹여도 충분한 분량의 다진 간이 준비된다.

닭 간

무염 버터 30g
식물성 오일 2큰술
양파 큰 것 1개, 반으로 잘라 얇게 슬라이스해서 준비
굵은 코셔 소금 1과 1/2작은술
닭 간 455g, 지방을 제거하고 물기는 두드려 말려서 준비
통후추 1/4작은술
커민 가루 1과 1/2큰술
알레포 칠리 페이스트 (또는 하리사 페이스트) 2큰술
레몬즙 1개 분량

---

1. **닭 간 만들기:** 대형 프라이팬을 중-강불에 올리고 버터 1큰술을 녹인다. 오일 1큰술을 넣고 1분 정도 가열한다. 양파와 소금 1/4작은술을 넣고 잘 익을 때까지 3-4분 정도 볶는다. 불을 중-약불로 줄이고 양파가 진한 갈색이 될 때까지 한 번씩 저어주면서 15-20분 정도 더 볶는다. 양파를 중형 볼에 옮긴다.

2. 닭 간에 소금 1/4작은술과 후추로 양념한다. 프라이팬에 남은 버터 1큰술과 오일 1큰술을 넣고 강불로 데운다. 버터가 녹으면 닭 간을 넣고 간의 표면이 불투명해질 때까지 한 번씩 저

토스트

2cm 두께로 썬 식빵 4장
빵에 바를 무염 버터, 부드러운 상태로 준비
얇게 슬라이스한 래디시 2개
어린잎 양상추
완숙 달걀 1개, 껍질을 벗기고 얇게 슬라이스해서 준비

어주면서 4-5분 정도 볶는다. 그 위에 커민 파우더를 뿌려 섞은 후 칠리 페이스트와 레몬즙을 넣는다. 간의 가운데 부분에 핑크빛이 돌 때까지(붉거나 피가 흐르는 상태면 안 됨), 2-3분 정도 더 익힌다. 여기에 양파를 넣어 섞는다. 이렇게 만든 재료를 볼에 넣고 뚜껑을 덮어 잘 식을 때까지 최소 2시간 정도 냉장고에 넣어둔다.

3. 차게 식힌 간과 양파를 도마 위에 올리고 큼직하게 썰며 섞어준다. 이것을 다시 볼에 넣고 남은 소금 1작은술을 섞는다.

4. **토스트 만들기:** 7-8페이지의 설명에 따라 빵을 굽는다. 다진 간을 빵 위에 올린다. 그 위에 양상추 잎과 래디시 슬라이스, 달걀 슬라이스를 적당히 올려 완성한다.

여름의 토스트

고수 크림 위에 구운 옥수수와 파를 올린 토스트

GRILLED CORN AND SCALLION TOAST
WITH CILANTRO CREMA

4인분

겉을 까맣게 그을리며 그릴에 구운 파는 만들기도 쉽고, 빵 위에 헝클어진 모습 그대로 수북이 올리면 보기에도 굉장히 근사하다. 푸드 프로세서에 라임과 할라피뇨를 충분히 넣고 블렌드한 고수 크림은 구운 파를 푹신하게 받쳐주고, 옥수수대에서 썰어낸 훈제 그릴 옥수수는 단맛과 탱글탱글 터지는 식감을 더한다. 소보루 형태로 뿌린 멕시칸 코티하 치즈Cotija Cheese는 짠맛을 가미한다. 구하기 어렵다면 리코타 살라타 치즈 또는 페타 치즈로 대체한다.

고수 크림, 옥수수, 파

사우어 크림 120ml
신선한 고수 잎 4큰술
소보루 형태로 부순 코티하 치즈 40g
큼직하게 다진 할라피뇨 고추 1/2개 (덜 매운맛을 원하면 씨를 제거해서 준비)
라임즙 1개 분량
굵은 코셔 소금 1/2작은술
엑스트라버진 올리브오일 4작은술
파 8뿌리, 끝부분은 잘라 준비
굵은 코셔 소금 1/2작은술
신선한 옥수수 2개, 껍질을 벗겨 준비

토스트

2cm 두께로 썬 시골풍의 빵 4장
엑스트라버진 올리브오일 3큰술
얇게 슬라이스한 래디시 2개
소보루 형태로 부순 코티하 치즈 80g
4등분한 라임 1개
카옌 페퍼 1작은술

1. **고수 크림 만들기:** 푸드 프로세서에 사우어 크림, 고수, 코티하 치즈, 할라피뇨, 라임즙, 소금을 넣고 덩어리가 없는 퓌레 상태가 될 때까지 간다. 소형 볼에 옮겨 담고 뚜껑을 덮은 후 냉장고에 넣는다.

2. **파와 옥수수 조리하기:** 바비큐 그릴 또는 그릴 팬을 강불에 올린다. 파 위에 오일 2작은술, 소금 1/4작은술을 뿌린 후 양면이 다 익고 그을릴 때까지 4-5분 정도 굽는다. 접시에 옮겨 담는다. 남은 오일 2작은술을 옥수수에 붓으로 바르고 남은 소금

1/4작은술로 간을 한 후, 옥수수 알이 노릇하게 변하고 약간 그스를 때까지 6-8분 정도 모든 면을 골고루 굽는다. 손으로 만질 수 있을 정도로 식으면 옥수수 알을 대에서 썰어낸다.

3. **토스트 만들기:** 빵 위에 올리브오일을 뿌린다. 8페이지의 바비큐 그릴 방식으로 빵을 굽는다. 빵 위에 크림과 옥수수를 올린 후 파 2뿌리를 올리고 래디시와 코티하 치즈로 마무리한다. 4등분한 라임 한쪽 면을 카옌 페퍼에 찍어 가루를 묻히고 토스트 위에 짜서 낸다.

토마토 버터 타르틴

TOMATO BUTTER TARTINE

4인분(여분의 토마토 버터 포함)

계절이 무르익으면 그린 마켓 테이블에 나란히 줄 서서, 조심스럽게 쥐어짜주는 손길을 기다리는 토마토를 사지 않고 참기란 불가능하다. 아무리 조심스럽게 포장을 하더라도 토마토 몇 개는 늘 가방 아래서 으깨지기 마련이다. 기름에 볶은 토마토와 질 좋은 버터로 만드는 토마토 버터는 그렇게 가방 밑에서 으깨진 녀석들을 사용하는 게 좋다. 〈테이스팅 테이블〉에서 푸드 에디터로 일할 때 배워둔 비법이다. 프랑스 바스크 지방에서 재배하는 붉은 고추를 살짝 스모키한 향이 나게 굵게 간 피멍 데스플레트Piment d'Espelette 한 꼬집이나 일본 후리카케 스타일의 참깨와 김이 들어간 소금 한 꼬집을 위에 뿌려주면 특별한 맛을 더한다.

토마토 버터

엑스트라버진 올리브오일 1큰술

큼직한 토마토 1개, 가운데 심지를 제거하고 1.25-2cm 크기로 썰어 준비

굵은 코셔 소금 1/2작은술

무염 버터 225g, 부드러운 상태로 준비

토스트

2cm 두께로 썬 시골풍의 빵 4장

빵에 사용할 엑스트라버진 올리브오일

빵에 뿌릴 굵은 코셔 소금

알이 굵은 래디시 3개, 얇게 슬라이스해서 준비

플레이크 소금

피멍 데스플레트 또는 후리카케 (선택사항)

1. **토마토 버터 만들기:** 대형 논스틱 프라이팬을 중-강불에 올리고 올리브오일을 데운다. 토마토, 소금을 넣고 불을 중-약으로 줄인 후 토마토를 한 번씩 눌러주면서, 되직한 페이스트 상태가 되고 물기는 거의 다 증발할 때까지 20-25분 정도 볶는다. 토마토 페이스트를 접시에 옮기고 완전히 식게 둔다.

2. 식은 토마토 페이스트를 긁어 블렌더에 넣고(또는 핸드 블렌더를 사용할 경우 중형 볼에 넣는다), 버터와 함께 곱게 간다(살짝 남은 토마토 껍질은 아름답다). 이렇게 만들어진 토마토 버터를 유산지에 옮기고 30cm 길이가 되는 원통이 되도록 말거나 램킨 한두 개에 채워 랩을 씌운다.

3. **토스트 만들기:** 7-8페이지의 설명에 따라 빵을 구운 후 완전히 식힌다.

4. 빵 위에 토마토 버터를 적당히 바르고 래디시를 지붕처럼 올린다. 플레이크 소금을 뿌리고 원하면 피멍 데스플레트 또는 후리카케도 뿌린다. 남은 버터는 랩으로 싸서 원통 모양으로 말아두면 냉장고에 2주 정도 또는 냉동할 경우 3달 정도 보관이 가능하다.

아보카도 패투시 토스트
AVOCADO FATTOUSH TOAST

4인분

아보카도 토스트는 토스트의 성배이다. 토스트를 사랑하는 카페에서 내놓는 단골 메뉴이자 아마도 집에서 만들어 먹는 토스트 중 가장 인기가 좋을 것이다. 나의 아보카도 토스트가 한 수 앞서는 이유는 아보카도와 과즙이 풍부한 토마토 슬라이스라는 고전적인 2인조를 사용해 패투시로 만들기 때문이다. 패투시는 토마토, 양파, 파슬리, 오이를 넣은 중동 스타일 샐러드로 보통 토스트한 피타 칩스와 수맥Sumac 사이사이에 끼워 먹는다(이 레시피에서는 토스트 빵이 바삭바삭한 피타 역할을 한다). 중동의 참깨와 말린 허브 시즈닝에 거의 양파와 같은 매력을 지닌 검정 니겔라 씨를 더한 자타르 양념은 샐러드에 함께 뒤적여주면 독특한 맛을 연출한다. 수맥, 자타르za'atar, 니겔라nigella 이 세 가지 시즈닝은 중동 시장이나, 향신료 전문점 또는 온라인에서 구매할 수 있다.

패투시

곱게 다진 작은 크기의 양파 1/2개
굵은 코셔 소금 1/2작은술, 여분으로 몇 꼬집 더 준비
중간 크기의 토마토 2개, 가운데 심지를 제거하고 곱게 다져 준비
중간 크기 오이 1개, 껍질을 벗기고 씨를 발라낸 후 곱게 다져
　준비
래디시 3개, 얇게 슬라이스해서 준비
신선한 붉은 고추 1/2개 (태국 고추 또는 프레스노), 반을 가르
　고 편으로 얇게 슬라이스해서 준비
굵게 다진 신선한 이탈리안 파슬리 2큰술
엑스트라버진 올리브오일 1큰술
레몬즙 1개 분량
수맥 파우더 1/2작은술

토스트

2cm 두께로 썬 시골풍의 빵 4장
빵에 사용할 엑스트라버진 올리브오일
빵에 뿌릴 굵은 코셔 소금
씨를 빼고 4등분한 아보카도
자타르
니겔라 씨 (선택사항)

1. **패투시 만들기:** 붉은 양파에 소금 한두 꼬집을 뿌려둔다. (양파의 매운맛을 완화시킨다.) 소형 볼에 토마토, 오이, 래디시, 고추, 파슬리, 올리브오일, 레몬즙, 수맥, 남은 소금 1/2작은술을 넣고 살살 뒤적인다.

2. **토스트 만들기:** 7-8페이지의 설명에 따라 빵을 굽는다. 토핑을 올리기 전에 빵을 살짝 식힌다.

3. 빵 위에 아보카도 1/4개를 으깬다. 소금을 뿌려둔 붉은 양파를 패투시에 넣고 한 스푼 넉넉히 퍼서 아보카도 위에 올린다. 패투시 샐러드에 생긴 즙도 한두 스푼 뿌린다. 기호에 따라 자타르 또는 니겔라 씨를 뿌려 완성한다.

반미 스타일을 한 번 바른 토스트
BAHN MI SCHMEAR TOAST

4인분(여분의 채소 피클 포함)

내 생각에 베트남 반미 샌드위치의 묘미는 바로 토핑이다. 당근 피클, 살짝 쓴맛이 나는 다이콘 무, 신선한 고수 그리고 정신이 번쩍 들게 하는 할라피뇨 슬라이스들. 이 모든 재료를 넣고 약간의 크림 치즈를 발라 맛을 한결 띄워주면 킬러 토스트 토핑 완성. 이 토스트는 토핑만 올려도 훌륭하지만 베이글에 올리는 재료를 더해주면 완벽한 일요일 브런치 토스트가 만들어진다. 내가 즐기는 재료는 훈제 송어, 케이퍼, 양파를 더한 조합이고 제철일 때는 토마토 슬라이스를 올려주면 안성맞춤. 피시 소스는 기분 좋은 감칠맛을 더하지만 피시 소스가 절대 적응이 안 되는 맛이라면 피클 절임물과 레몬즙으로 대체한다.

채소 피클 토핑	토스트
현미 식초 2큰술	2cm 두께로 썬 바게트 빵 4장
피시 소스 1과 1/2큰술 (또는 동일한 양의 피클 절임물과 레몬즙)	빵에 사용할 포도씨유
설탕 1/8작은술 (작은 2꼬집)	굵은 코셔 소금
굵은 코셔 소금 한 꼬집	얇게 슬라이스한 오이 (선택사항)
중간 크기 당근 2개, 길게 자르고 감자칼을 이용해 얇고 긴 끈형태로 준비	슬라이스한 토마토 (선택사항)
중간 크기 다이콘 무 1개(약 115g) 껍질을 벗기고 길게 잘라 감자칼을 이용해 얇고 긴 끈 형태로 준비	스모크 송어, 결 따라 조각내 준비 (선택사항)
중간 크기의 할라피뇨 칠리 1개, 편으로 얇게 슬라이스해서 준비 (덜 매운맛을 원하면 씨를 제거한다)	얇게 슬라이스한 붉은 양파 (선택사항)
크림 치즈 230g	케이퍼, 물에 한 번 헹구어 준비 (선택사항)
신선한 고수 4큰술	

1. **채소 피클 토핑 만들기:** 중형 볼에 식초, 피시 소스, 설탕, 소금을 넣고 설탕과 소금이 녹을 때까지 거품을 낸다. 여기에 당근, 무, 할라피뇨 슬라이스를 넣고 자작하게 잠기도록 섞는다. 볼에 뚜껑을 덮고 최소 1시간에서 최대 2일 냉장한다.

2. 채소를 피클 절임물에서 꺼내고(물은 따라둔다), 키친타월에 올려 물기를 뺀 후 푸드 프로세서에 옮긴다. 크림 치즈와 고

수를 넣고 잘 섞이도록 갈아준다(스프레드를 바를 때 어느 정도 식감이 남아 있는 것이 좋다). 절임물을 조금 넣어 쏘는 맛을 더하거나 필요에 따라 재료가 좀더 쉽게 섞이고 묽게 한다.

3. **토스트 만들기:** 7-8페이지의 설명에 따라 빵을 굽는다. 토핑을 올리기 전에 몇 분 식힌다. 빵에 스프레드를 한 번 바르고 원하는 채소 토핑을 올려 완성한다.

튀긴 가지를 올린 빵 콘 토마테 토스트

FRIED EGGPLANT CON TOMATE ON TOAST

4인분

올리브오일과 마늘로 양념하고 신선한 토마토를 비빈 빵. 이것이 바로 토마토 하나로 더 많은 사람을 먹이려는 스페인 사람들의 절약 정신이 만들어낸 '빵 콘 토마테'이다. 오늘날 빵 콘 토마테는 스페인 타파스의 하이라이트가 되었다. 식사를 대체할 수 있도록 조금 더 실한 토스트를 만들기 위해 이탈리아 스타일을 한번 가미해, 튀긴 가지 슬라이스와 신선한 바질을 올린다. 이 토스트는 가지 파르미지아나에게 부치는 송가라고 할 수 있다. 조금 더 타락한 토스트를 원한다면 신선한 모차렐라 슬라이스를 올리고 녹을 때까지 굽는다.

가지 튀김	토스트
중간 크기의 가지 1개 (455g), 0.5cm 두께로 세로로 길게 슬라이스해서 준비	마늘 3쪽, 껍질을 벗기고 으깨서 준비
굵은 코셔 소금 1과 1/2작은술	엑스트라버진 올리브오일 3큰술
다목적용 밀가루 40g	2cm 두께로 썬 시골풍의 빵 4장
고운 옥수수가루 50g	플레이크 소금
곱게 간 페코리노 로마노 치즈 60g	토마토 1개, 가로로 반을 잘라 준비
통후추 1/4작은술	얇게 슬라이스한 신선한 바질 잎 한 줌
포도씨유 120ml	
엑스트라버진 올리브오일 60ml	

1. **가지 튀김 만들기:** 테두리가 있는 베이킹팬에 가지를 놓는다. 소금 1작은술을 가지 양면에 뿌린다. 20분 정도 둔다.

2. 깊이가 얕은 볼에 밀가루, 옥수수가루, 페코리노 치즈, 남은 소금 1/2작은술, 후추를 섞는다.

3. 바닥이 두꺼운 대형 프라이팬을 중-강불에 올리고 포도씨유와 올리브오일을 데운다. 가지 슬라이스 4장을 앞서 섞어놓은 밀가루로 옷을 입힌다. 양면에 골고루 밀가루가 묻도록 하고 가볍게 한 번 털어준다. 가지를 조심스럽게 오일에 넣고 양면이 갈색이 될 때까지 6-8분 정도 튀긴다. 키친타월을 깐 접시에 옮기고 남은 가지를 동일하게 튀긴다.

4. **토스트 만들기:** 마늘과 올리브오일을 소형 전자레인지 용기에 담는다. 전자레인지에 강으로 30초 동안 돌린 후 올리브오일을 한 바퀴 둘러주고 다시 30초를 돌린다. 볼을 꺼내 마늘 향이 오일에 배도록 둔다. (또는 소형 소스팬을 중-약불에 올리고 마늘과 올리브오일을 넣고 마늘 향이 날 때까지 2-3분 정도 저어주면서 익힌다. 불에서 내리고 오일에 향이 스미게 하면서 식힌다.)

5. 빵에 마늘 오일을 뿌리고 플레이크 소금을 뿌린다. 7-8페이지의 브로일링 방식 또는 바비큐 그릴 방식으로 빵을 굽는다. 빵을 오븐에서 꺼내고 토마토 자른 면을 빵 위에 올리고, 문지르고 남은 토마토 반쪽은 거의 껍질만 남은 상태가 될 때까지 빵 위에 짜준다(토마토 반 쪽당 빵 2개). 이렇게 준비한 토스트 위에 가지를 하나 올리고 바질과 플레이크 소금을 뿌려 완성한다.

자두 콘서바, 고르곤졸라와 오리 콩피를 올린 토스트

ITALIAN PLUM CONSERVA, GORGONZOLA, AND DUCK CONFIT TOAST

4인분(여분의 콘서바 포함)

오리 콩피를 만드는 과정은 긴 시간을 요하기 때문에 나는 지역 식품 전문점에서 이미 만들어진 것을 구매한다. 오리 콩피를 찾을 수 없다면 오리 또는 돼지고기 리예트(오리 다리 콩피와 파테의 기분 좋은 중간형), 파테 또는 결 따라 찢은 로스트 치킨을 사용해도 좋다. 콘서바는 잼과 유사한데 과일, 견과류를 큼직하게 썰어 넣는다. 이 레시피의 콘서바는 팔각Star anise과 카다멈, 다른 자극적인 향신료를 섞은 파이브 스파이스 파우더를 넣어 미묘한 아시아 맛을 낸다.

자두 콘서바	토스트
자두 455g (이탈리아산 프룬 자두 선호), 씨를 빼고 다져서 준비	2cm 두께로 썬 과일과 견과류가 들어간 식빵 4장
건체리 80g	빵에 바를 무염 버터, 부드러운 상태로 준비
다진 호두 60g	플레이크 소금
레몬즙 1/2개 분량	고르곤졸라 돌체 치즈 115g
설탕 165g, 1큰술 여분	오리 콩피 다리 1개, 껍질은 제거하고 살은 찢어서 준비
파이브 스파이스 파우더 1/2작은술	어린잎 루콜라 15g, 큼직하게 다져서 준비
굵은 코셔 소금 한 꼬집	

1. **자두 콘서바 만들기:** 중형 소스팬에 자두, 건체리, 호두, 레몬즙, 물 120ml를 섞는다. 한 번씩 저어주면서 한소끔 끓인다. 중불로 줄이고 계속 저으면서 자두가 흐늘거릴 때까지 4-5분 정도 뭉근하게 끓인다. 여기에 설탕, 파이브 스파이스, 소금을 넣는다. 중-약불로 줄이고 잼이 되고 윤기가 날 때까지(또는 젓던 나무 스푼에 손가락으로 줄을 그었을 때 그 상태로 유지가 될 때까지) 8-10분 정도 더 끓인다. 불에서 내려 식힌 다음 밀폐용기에 옮기고 최대 2주까지 냉장한다.

2. **토스트 만들기:** 7-8페이지의 설명에 따라 빵을 굽는다. 빵에 고르곤졸라 치즈를 바르고 자두잼을 1-2스푼 정도 넉넉히 바른다. 잘게 찢은 오리와 루콜라를 올려 완성한다.

복숭아를 곁들인 삶은 치킨 샐러드 토스트

POACHED CHICKEN SALAD TOAST
WITH PACHES

4인분

가볍고 밝고 섬세하게 균형을 맞춘 치킨 샐러드를 빵 위에 올리면, 평소 늘 접하던 마요네즈, 셀러리 조합의 다소 부담스러운 델리 스페셜 메뉴보다 훨씬 더 우아한 토스트가 완성된다. 닭 가슴살을 삶으면 상상할 수 없을 정도로 부드러운 고기가 만들어지고 삶고 남은 육수는 저장해 두었다가 다른 식사를 준비할 때 닭 육수로 활용할 수 있다는 장점이 있다. 프레스노 칠리(붉은 할라피뇨라고도 불림)를 찾을 수 없다면 청할라피뇨로 대체하거나 붉은색을 고집하고 싶다면 알레포 칠리 파우더를 한두 꼬집 넣어준다.

삶은 치킨 샐러드

치킨 스톡 950ml
이탈리안 파슬리 3줄기
고수 씨 2작은술
펜넬 씨 1작은술
통후추 1작은술
뼈와 껍질을 제거하지 않은 닭 가슴살 (큼직한 것으로 2조각)
　910g
엑스트라버진 올리브오일 2큰술
마요네즈 1과 1/2작은술
홀 그레인 디종 머스터드 1과 1/2작은술
굵은 코셔 소금 1작은술, 필요에 따라 소량의 여분
통후추 1/4작은술
커민 파우더 1/4작은술
고수 파우더 1/4작은술
껍질을 벗기지 않고 잘게 다진 큼직한 복숭아 1개
홍고추 또는 청고추 1개 (프레스노, 태국 고추 또는 할라피뇨),
　곱게 다져 준비 (덜 매운맛을 원하면 씨를 제거해 준비)
신선한 바질 잎 12장, 곱게 다져 준비

---

1. **삶은 치킨 샐러드 만들기:** 깊이가 있고 넓은 대형 소스팬을 중-강불에 올리고 치킨 스톡, 파슬리 줄기, 고수 씨, 펜넬 씨, 통후추를 넣은 후 뭉근하게 끓인다. 여기에 닭 가슴살을 넣고(스

토스트

2cm 두께로 썬 시골풍의 빵 4장
빵에 사용할 엑스트라버진 올리브오일
빵에 뿌릴 굵은 코셔 소금

톡은 닭 가슴살이 잠길 정도면 된다. 모자랄 경우 물을 더 넣는다), 약불로 줄이고 20분 정도 닭 가슴살을 삶는다. 스톡에서 김이 올라올 정도가 좋고 거품이 날 정도로 끓이지 않는다. 불에서 내리고 닭고기를 육수에 둔 상태로 고기와 스톡이 상온이 될 때까지 30분 정도 둔다. 닭 가슴살을 스톡에서 꺼내고 껍질을 제거한다. 닭고기를 길게 찢는다(뼈도 제거한다). 닭고기를 중형 볼에 넣고 완전히 식힌다.

2. 소형 볼에 올리브오일, 마요네즈, 머스터드, 소금, 후추, 커민 파우더, 고수 파우더를 넣고 거품기로 섞는다. 이렇게 만든 드레싱을 닭고기에 넣고 손을 사용해 살살 뒤적여 드레싱을 닭고기에 잘 버무린다. 여기에 복숭아, 고추, 바질을 넣고 다시 섞어준다.

3. **토스트 만들기:** 7-8페이지의 설명에 따라 빵을 굽는다. 구운 빵에 치킨 샐러드를 올려낸다.

크랩 & 아보카도 샐러드 토스트
CRAB AND AVOCADO TOAST

4인분

아보카도를 올린 토스트는 완전한 경이로움 그 자체이다(97페이지 참조). 그래서 또 하나의 방식을 소개한다. 비밀은 바로 과사카카. 남미에서 즐겨 먹는 부드럽고 톡 쏘는 과카몰리 하이브리드격인 과사카카는 토마틸로 살사와 아보카도의 집중 공습으로 완성된다. 결 따라 찢은 단맛 가득한 게살과, 소량의 마요네즈, 레몬즙, 소금 한 꼬집이면 놀랍도록 경쾌한 아보카도 토스트가 짧은 시간 안에 완벽한 여름 식사로 완성된다.

과사카카

아보카도 1개, 반으로 자르고 씨를 제거해 준비
라임즙 1/2개 분량
토마틸로 살사 4큰술
굵은 코셔 소금 1/4작은술, 필요에 따라 소량의 여분

토스트

게살 170g (살이 굵은 대형 게 선호), 물기를 제거하고 딱지에
　서 살을 발라 준비
곱게 다진 신선한 고수 잎 4큰술
곱게 다진 파, 흰 부분과 연두색 부분만 사용
마요네즈 2작은술
굵은 코셔 소금 1/4작은술, 필요에 따라 소량의 여분
2cm 두께로 썬 시골풍의 빵 4장
빵에 사용할 엑스트라버진 올리브오일

1. **과사카카 만들기:** 블렌더에 아보카도, 라임즙, 살사, 소금을 넣고 퓌레 상태가 될 때까지 분쇄한다(씹는 식감을 원하면 아보카도를 으깬 후 라임즙, 살사, 소금을 넣는다). 맛을 보고 필요에 따라 소금 간을 더 한다.

2. **토스트 만들기:** 게살을 중형 볼에 넣고 손가락으로 살을 찢어 부풀린다. 고수, 파, 마요네즈, 소금을 넣고 포크를 사용해 재료를 가볍게 섞는다. 게살이 너무 작게 부스러지지 않도록 한다.

3. 7-8페이지의 설명에 따라 빵을 굽는다. 과사카카를 바르고 게살을 올려 완성한다.

그릴 스테이크 하우스 붓처스컷 토스트

GRILLED STEAKHOUSE HANGER TOAST

4인분

맛은 훌륭하지만 조리 시간은 짧은 붓처스컷 스테이크(행어 스테이크Hanger Steak라고도 한다)는 내가 즐겨 찾는 '저렴이' 스테이크이다. 소 한 마리당 하나의 붓처스컷이 나오기 때문에 붓처스컷 부위를 찾기 어렵다면 플랭크 스테이크나 스커트 스테이크로 대체해도 무관하다. 플랭크는 육질이 조금 더 두껍기 때문에 조리 시간이 조금 더 걸리고, 스커트는 보통 더 빨리 조리되며 기름기 없이 준비하려면 밑작업이 필요하다. 시금치는 호일에 넣어 가장자리를 잘 봉해주고 그릴 위에 바로 굽는다. 그릴 열기만으로도 토스트 위에 올릴 수 있을 만큼 시금치 잎의 숨을 죽일 수 있는데 이로서 스테이크와 시금치의 결합은 더욱 거부할 수 없게 된다.

스테이크와 시금치

붓처스컷 455g, 기름을 제거해 준비
중간 크기의 마늘 3쪽, 곱게 다져 준비
굵은 코셔 소금 1큰술 & 1작은술
통후추 2작은술
큼직하게 썬 어린잎 시금치 240g
작게 썬 무염 버터 15g
곱게 다진 신선한 차이브 1큰술
생크림 2큰술
포도씨유 2큰술

1. **스테이크 굽기:** 스테이크 고기를 마늘, 소금 1큰술, 후추에 문지른다. 1시간 정도 또는 하룻밤 냉장고에 넣어둔다. 고기는 조리하기 1시간 전에 냉장고에서 꺼내둔다.

2. **시금치 만들기:** 바비큐 그릴 한쪽을 중-강불로 예열하고 다른쪽을 중불로 예열한다. (또는 숯불 그릴을 준비하고 한쪽을 더 두둑하게 쌓아둔다. 불을 피우면 중-강 정도의 불판에서 13cm 높이에서 손을 대고 3-4초 정도, 중불 위에서 4-5초 정도 버틸 수 있는 정도면 된다.) 작업대에 호일을 넓게 깔고 가운데 부분이 비도록 시금치를 쌓는다. 시금치 위에 버터를 올리고 차이브와 크림 그리고 남은 소금을 넣는다. 오른쪽 끝의 호일을

토스트

2cm 두께로 썬 시골풍의 빵 4장
엑스트라버진 올리브오일 3큰술
플레이크 소금

왼쪽으로 접어 끝을 맞추고 구긴 후 옆 부분을 접어 모든 면을 잘 봉한다.

3. 집게를 사용해 접은 키친타월을 오일에 담갔다 뺀 후 그것으로 불판에 기름을 바른다. 더 뜨거운 쪽에 스테이크를 올리고 중불에 시금치를 놓는다. 각 면에 2-3분 정도씩 스테이크의 겉면을 지진다. 스테이크를 중불의 그릴로 옮기고 미디엄 레어의 경우 다시 2-3분 정도 굽는다(스테이크는 가장 두꺼운 부분 중 압력이 낮은 부분이 휘어진다). 구운 스테이크를 접시에 놓고 그릴에서 시금치를 꺼낸다.

4. **토스트 만들기:** 빵 위에 올리브오일과 소금을 뿌린다. 8페이지의 바비큐 그릴 방식에 따라 빵을 굽는다. 호일을 열고 시금치와 그 즙을 빵 위에 나누어 올린다. 스테이크는 결의 반대방향으로 도마에서 비스듬히 각을 주어 슬라이스한다. 스테이크 슬라이스를 시금치 위에 올린다. 플레이크 소금을 뿌리고 도마 위에 남은 육즙을 뿌려 완성한다.

헤이즐넛 스모어 토스트

HAZELNUT S'MORE TOAST

4인분(여분의 초콜릿 헤이즐넛 스프레드 포함)

스모어 빠진 여름은 여름이 아니라고 나는 감히 주장한다. 캠프파이어나 별빛 아래서 즐기는 요리에 대단히 관심이 없다고 해도 실내에서 만드는 스모어 한 조각이면 부드럽게 죽 늘어나는 마시멜로 초콜릿이 주는 더 없는 행복을 누릴 수 있다. 초콜릿 대신 홈메이드 초콜릿 헤이즐넛 스프레드를 토스트에 올리면 마시멜로를 꼭 넣지 않아도 지나칠 정도로 감미로운 맛을 완성할 수 있다. 빵을 까맣게 태워야 불에 구워먹는 마시멜로의 마법이 재현된다. 아마도 355ml 정도의 초콜릿 헤이즐넛 스프레드가 남겠지만 설마 이걸 어떻게 해치워야 하는지 모르는 사람은 없겠지.

초콜릿 헤이즐넛 스프레드

헤이즐넛 (껍질 벗긴 헤이즐넛 선호) 175g
설탕 2큰술
꿀 2큰술
아이싱 슈거 2큰술
카놀라유 2큰술
플레이크 소금 3/4작은술
최고급 세미 스위트 다크 초콜릿 (카카오 60% 이상) 225g, 곱
　게 다진 후 녹여서 준비

토스트

2cm 두께로 썬 시골풍의 빵 4장
무염 버터 45g, 부드러운 상태로 준비
플레이크 소금
마시멜로 16개, 4등분해서 준비

---

1. **초콜릿 헤이즐넛 스프레드 만들기:** 오븐을 180℃로 예열한다. 테두리가 있는 베이킹팬에 헤이즐넛을 놓고 중간에 팬을 한 번 흔들어주면서 노릇해질 때까지 12-15분 정도 굽는다. 구운 헤이즐넛을 내열접시에 옮겨 식힌다(껍질이 있는 헤이즐넛을 사용할 경우 티타월에 싸서 1분 정도 둔 뒤 타월을 사용해 껍질을 벗긴다). 헤이즐넛이 식으면 푸드 프로세서에 넣고 덩어리가 없는 페이스트가 될 때까지 1-3분 정도 분쇄하고, 필요하면 용기 바닥까지 긁어준다.

2. 여기에 설탕, 꿀, 아이싱 슈거, 오일, 소금을 넣은 후 잘 섞일 때까지 블렌딩한다. 녹인 초콜릿을 넣고 다시 블렌딩한 후 만들어진 헤이즐넛 버터를 밀폐용기에 덜고 단단해질 때까지 3시간

또는 하룻밤 상온에 둔다. (하루가 지난 스프레드는 2주까지 냉장보관이 가능하다. 이 경우 사용하기 전에 최소 30분 정도 상온에 두어야 빵에 바를 수 있는 질감이 된다. 냉장을 할 경우 식감은 덜 매끄러워진다.)

3. **토스트 만들기:** 빵에 버터를 바르고 소금을 뿌린다. 7페이지의 브로일링 방식으로 빵을 굽는다. 빵을 브로일러에서 꺼내고 초콜릿 헤이즐넛 스프레드를 바른다. 마시멜로 한 줌을 올린다. 오븐 그릴 선반을 위에서 세번째 칸에 놓고 베이킹팬을 놓은 후 여기에 토스트를 올려 마시멜로가 노릇해질 때까지 15-30초 정도 굽는다(브로일러의 강도가 다르므로 마시멜로가 타지 않게 잘 지켜본다). 1-2분 정도 식힌 후 낸다.

살짝 태운 설탕을 올린 코코넛 아이스크림 토스트

BURNT SUGAR AND
COCONUT ICE CREAM TOAST

4인분

당신의 다음 중독 메뉴를 예약하세요. 버터를 발라 구운 빵을 레몬그래스 시럽에 담갔다 설탕 옷을 입히고, 버터를 녹여 설탕 옷이 빵에 니스처럼 입혀져 달콤한 베니어판이 완성되면 그 위에 아이스크림과 구운 코코넛을 올린다. 윤기 나는 크렘 브륄레 스타일의 설탕 옷을 입혀서 완성하는 완벽한 선디 프렌치토스트.

레몬그래스 시럽	토스트

신선한 레몬그래스 2줄기
설탕 100g

설탕을 넣지 않은 (말린) 코코넛 플레이크 50g
2cm 두께로 썬 시골풍의 빵 또는 브리오슈 4장
무염 버터 45g, 부드러운 상태로 준비
설탕 3큰술
코코넛 아이스크림 1pint (약 500ml)

1. **레몬그래스 시럽 만들기:** 레몬그래스를 도마에 올리고 뿌리와 상단을 자른다. 두껍고 마른 겉껍질을 벗기고 안에 부드러운 갈대만 사용한다. 칼의 뒷부분을 사용해 레몬그래스를 다진 후 7.5cm 길이로 편을 썬다(에센셜 오일 향이 난다).

2. 소형 소스팬에 레몬그래스와 설탕물 120ml를 넣는다. 중불에 올리고 한 번씩 저어주면서 설탕이 녹을 때까지 뭉근하게 끓인다. 4분 정도 더 끓이면서 시럽에 레몬그래스 향이 배게 한다. 불에서 내린 레몬그래스는 꺼낸 후 식힌다. (시럽은 몇 주 전에 준비하고 냉동해두어도 된다.)

3. **토스트 만들기:** 오븐을 180℃로 예열한다. 테두리가 있는 베이킹팬에 코코넛을 펼쳐 놓고 한 번씩 섞어주면서 가장자리가 노릇해질 때까지 6-8분 정도 굽는다. 접시에 옮긴 후 식힌다.

4. 빵에 버터를 바른다. 8페이지의 팬프라이 방식으로 대형 논스틱 프라이팬에 빵을 튀긴다. 빵을 접시에 옮기고 프라이팬을 바로 사용할 수 있는 상태로 둔다.

5. 레몬그래스 시럽을 넓고 얕은 볼에 붓는다. 중형 접시에 설탕을 넓게 펴둔다. 튀긴 빵의 한 면을 레몬그래스 시럽에 몇 초 정도 담가 흡수시킨다. 시럽이 묻은 면이 아래로 가게 해서 설탕 접시에 옮긴 후 살짝 눌러 설탕 옷을 입힌다. 이렇게 만든 토스트를, 다시 프라이팬에 설탕 옷을 입힌 면을 아래로 가게 놓는다. 남은 빵도 동일하게 설탕 옷을 입힌다. 프라이팬을 중불에 올리고 설탕 옷을 입힌 면이 갈색이 되고 캐러멜화될 때까지 2분 정도 굽는다.

6. 설탕이 묻은 면을 위로 해서 토스트를 4개의 접시에 나누어 담는다. 그 위에 아이스크림 1-2스쿱을 올리고 레몬그래스 시럽을 뿌린 후 구운 코코넛을 뿌려 완성한다.

게스트 셰프 레시피:
가지, 피망, 케이퍼 토스트
EGGPLANT, SWEET PEPPER, AND CAPER TOAST

브루클린, 뉴욕 | 4인분

앤드류 파인버그는 브루클린에 위치한 레스토랑 프래니즈Franny's의 오너 셰프이다. 프래니즈는 피자로 잘 알려져 있지만 생 케일 샐러드를 전 세계적으로 유행시킨 레스토랑으로 더 유명하다. 이 레시피에서 파인버그는 그가 나폴리에서 먹었던 요리에서 영감을 받아 기름에 볶은 피망과 아풀리안 풍의 가지 퓌레 조합을 선보인다.

가지, 피망 & 케이퍼

큼직한 가지 1개 (570g), 껍질을 벗기고 2cm 두께의 동그란
 편으로 슬라이스해서 준비
굵은 코셔 소금 1과 1/2작은술, 필요에 따라 여분
엑스트라버진 올리브오일 225ml, 팬에 두를 여분의 오일
중간 크기의 마늘 5쪽, 큼직하게 다져 준비
앤초비 2조각
신선한 오레가노 또는 마조람 잎 1큰술
레이트 하비스트 아그로돌체 와인 비니거 5작은술 (또는 화이트
 발사믹과 레드 와인 비니거를 반반 섞어 준비)
통후추
붉은 피망 2개, 2.5cm 크기로 썰어 준비
소금에 절인 케이퍼 4큰술, 물에 헹구어 준비

---

1. 가지 만들기: 오븐을 200℃로 예열한다. 테두리가 있는 베이킹팬에 기름을 두른다.

2. 가지에 소금 1/2작은술을 뿌리고 올리브오일 3큰술을 넣어 살살 뒤적인다. 베이킹팬에 올리고 밑면이 갈색이 될 때까지 15-20분 정도 굽는다. 가지를 뒤집고 포크로 눌러 들어갈 정도가 되게 15분 정도 더 굽는다. 가지를 접시에 옮겨둔다.

토스트

2cm 두께로 썬 시골풍의 빵 4장
엑스트라버진 올리브오일, 빵과 마무리에 필요한 여분 준비

---

3. 중형 프라이팬을 중불에 올리고 올리브오일 125ml, 마늘, 앤초비를 넣고 기름에 기포가 올라올 때까지 2-3분 정도 튀긴다. 불에서 내리고 오레가노와 비니거 1작은술을 둘러놓는다.

4. 푸드 프로세서에 가지를 넣고 덩어리가 없는 퓌레 상태로 만든다. 식혀놓은 마늘 앤초비 오일, 소금 1/2작은술을 넣고 다시 한 번 부드럽게 갈아준다. 통후추로 간을 한다.

5. 피망 & 케이퍼 준비하기: 대형 프라이팬을 강불에 올리고 남은 올리브오일 5큰술을 데운다. 피망을 넣고 3-4분 후 갈색이 되기 시작하면 중불로 줄이고 남은 소금을 넣는다. 피망 표면이 부풀어오를 때까지 10분 정도 한 번씩 저어주며 익힌다. 여기에 케이퍼를 넣고 바삭해질 때까지 4-5분 정도 볶는다. 불에서 내리고 남은 비니거 4작은술을 섞은 후 후추로 간을 한다.

6. 토스트 만들기: 7-8페이지의 설명에 따라 빵을 굽는다. 빵에 가지 퓌레를 두껍게 바르고 피망 케이퍼 믹스를 올린 후 올리브오일을 뿌려 완성한다.

게스트 셰프 레시피:
올리브 살사를 곁들인 튜나 멜트 토스트
TUNA MELT TOAST WITH OLIVE SALSA

시드니, 호주 | 4인분

'셰프들은 집에서 배가 고플 때 자신의 주방에서 무얼 만들어 먹을까?' 늘 호기심이 멈추지 않는 부분이다. 시리얼 한 그릇? 스크램블드 에그? 조금 변형한 라면? 이 토스트는 호주, 일본, 영국, 한국, 하와이에 12개에 가까운 레스토랑 빌즈Bills을 운영하고 있는 오너 셰프인 빌 그랜저의 레시피다. 그는 오븐에서 바로 꺼내 따뜻하게 녹은 치즈가 질벅질벅하게 흐르는 사랑스러운 튜나 멜트 토스트를 사랑하며, 이 토스트는 밤에 전화로 피자를 주문해 먹는 것보다 훨씬 더 낫다고 강조한다.

올리브 살사 & 튜나(참치)

이탈리안 파슬리 1다발, 다져서 준비

파 3줄기, 흰 부분과 옅은 녹색 부분만 곱게 다져 준비

씨를 제거한 그린 올리브 (뤽크Lucques 올리브 선호) 35g, 굵게 다져 준비

엑스트라버진 올리브오일 1큰술

레몬즙 1/2개 분량

굵은 코셔 소금 (선택사항)

캔 참치 225g, 기름을 따라 버리고 결따라 찢어 준비

아티초크 하트 4개, 저장액을 따라 버리고 얇게 슬라이스해서 준비

신선한 모차렐라 치즈 35g, (버팔로 모차렐라 선호) 찢어서 넉넉하게 준비

간 모차렐라 치즈 25g

통후추 1작은술

토스트

2cm 두께로 썬 사우어 도우 브레드 4장

레드 페퍼 플레이크 한 꼬집

1. **올리브 살사 & 튜나 만들기**: 소형 볼에 파슬리, 파, 올리브, 올리브오일, 레몬즙을 섞는다. 맛을 보고 필요에 따라 소금으로 간한다. 다른 볼에 참치, 아티초크, 두 종류의 모차렐라, 후추를 넣고 골고루 섞는다.

2. **토스트 만들기**: 브로일러를 강으로 예열한다. 빵을 호일을 씌운 베이킹팬에 놓는다. 빵이 노릇해질 때까지 한 면당 1-2분 정도 살짝 굽는다. 빵에 참치 믹스를 올리고 레드 페퍼 플레이크를 뿌린다. 치즈가 녹고 윗면에 기포가 올라올 때까지 2-3분 정도 굽는다. 올리브 살사를 올리고 뜨거울 때 낸다.

색인

토스트

| **초판 1쇄 인쇄** 2015년 11월 30일
| **초판 1쇄 발행** 2016년 4월 15일

| **지은이** 라켈 펠젤
| **사진진** 에번스 성
| **옮긴이** 나윤희
| **펴낸이** 고미영
| **저작권** 한문숙
| **디자인** 김마리

| **펴낸곳** ㈜이봄
| **출판등록** 2014년 7월 6일 제406-2014-000064호
| **주소** 10881 경기도 파주시 회동길 210
| **전자우편** yibom01@gmail.com
| **문의전화** 031-955-2698
| **팩스** 031-955-8855

ISBN 979-11-86195-44-4 13590

● 이 책의 판권은 지은이와 ㈜이봄에 있습니다.
  이 책의 내용 전부 또는 일부를 재사용하려면 반드시 양측의 서면 동의를 받아야 합니다.
  이봄은 ㈜문학동네의 계열사입니다.